U0161089

# 机会移动网络中的数据传输机制研究

周 欢 著

科学出版社

北 京

# 内 容 简 介

本书系统地介绍了机会移动网络的数据传输机制，首先对邻居发现过程中的能量节省问题进行了研究，然后考虑占空比模式下的数据转发和自私环境下的数据分发问题，最后从多跳角度研究了机会移动网络中的数据转发机制，并提出了相应的数据转发机制和数据分发激励机制。内容覆盖了计算机网络、网络优化和社会网络分析技术等多个领域。

本书可供从事物联网相关研究的研究人员和技术人员参阅，也可作为高等院校相关专业教师和研究生学习机会移动网络的参考资料。

**图书在版编目(CIP)数据**

机会移动网络中的数据传输机制研究/周欢著. —北京：科学出版社，2021.3

ISBN 978-7-03-068382-3

Ⅰ. ①机… Ⅱ. ①周… Ⅲ. ①移动网-数据传输技术 Ⅳ. ①TN929.5

中国版本图书馆 CIP 数据核字 (2021) 第 047600 号

责任编辑：张 展 黄 嘉／责任校对：彭 映
责任印制：罗 科／封面设计：墨创文化

科 学 出 版 社 出版

北京东黄城根北街16号
邮政编码：100717
http://www.sciencep.com

成都锦瑞印刷有限责任公司 印刷

科学出版社发行 各地新华书店经销

*

2021 年 3 月第 一 版 开本：B5 (720×1000)
2021 年 3 月第一次印刷 印张：8 1/4
字数：180 000

**定价：99.00 元**

(如有印装质量问题,我社负责调换)

# 前　言

随着无线便携设备的大量普及,机会移动网络应运而生。这类网络突破了传统网络对实时连通性的要求限制,更适合实际的自组网需求。由于时变的网络拓扑,机会移动网络中节点到节点之间很难保证有一条稳定的连通的路径,因此如何在机会移动网络中高效的传输数据是机会移动网络的研究难点和热点。目前已经有很多学者对机会移动网络中的数据传输问题进行了研究,本书结合该方向的最新研究成果,首先对邻居发现过程中的能量节省问题进行了研究,然后考虑占空比模式下的数据转发和自私环境下的数据分发问题,最后从多跳角度研究了机会移动网络中的数据转发机制,并提出了相应的数据转发机制和数据分发激励机制。本书内容主要包括以下几个方面。

第 1 章简要回顾了机会移动网络的产生背景、概述、主要特性、应用及其研究现状。

第 2 章研究了机会移动网络在随机路点模型下能量效率和接触机会之间的折衷。首先提出了一种理论模型研究基于随机路点模型的接触探测过程,分别得到了单点探测概率和双点探测概率的表达式;然后,基于提出的理论模型,分析了在不同情况下能量效率和有效接触总数之间的折衷。

第 3 章研究了机会移动网络中占空比模式下的邻居发现过程,并为占空比机会移动网络中的邻居发现过程设计了一种能量有效的自适应工作机制;提出的自适应工作机制使用节点间过去的接触历史记录去预测节点间未来的接触信息,从而在每个周期内自适应地配置网络中每个节点的工作机制。

第 4 章研究了占空比机会移动网络中占空比操作对数据转发的影响,并为占空比机会移动网络设计了一种能量有效的数据转发策略。该策略考虑了节点间的接触频率和接触时长,并且将数据包沿着可以最大化占空比模式下数据传递概率的路径转发。

第 5 章研究了机会移动网络中自私环境下的数据分发问题，并提出了一种适用于自私机会移动网络的基于激励驱动的发布/订阅数据分发机制。该机制采用"针锋相对"机制来激励网络中的节点互相合作。

第 6 章从多跳角度研究了机会移动网络中的数据转发机制。考虑到多跳邻居的接触信息，介绍了机会转发路径的定义，并获得了沿某条机会转发路径的数据传递概率。为了提高数据转发的性能，提出了两种基于机会转发路径上的数据传递概率的转发指标。

第 7 章对全文进行了总结，并对未来的研究方向进行了展望。

本书中的相关研究工作得到了国家自然科学基金(61872221)和湖北省自然科学基金等项目的资助，并得到了浙江大学、天普大学等单位的支持与合作。本书在编写过程中，课题组的多名研究生做出了贡献，也要特别感谢导师陈积明教授和吴杰教授一直以来的关心和支持。限于作者学识所限，书中存在的缺点和不足恳请读者批评指正。

作　者
2021 年 2 月于湖北宜昌

# 目　　录

# 第1章 绪　　论

本章首先介绍了机会移动网络的产生背景、概述、主要特性和应用领域。然后介绍了机会移动网络中的数据传输问题，并且分析和总结了机会移动网络中一些研究热点的研究现状。最后阐述了本书的研究动机、研究思路和具体研究内容。

## 1.1　研究背景

### 1.1.1　机会移动网络的产生背景

近年来，随着装备有 Wi-Fi 接口或者蓝牙接口的无线便携设备（如 ipad、PDAs、智能手机等）的普及和流行，基于移动自组织网络方面的应用得到了蓬勃发展[1-4]。移动自组织网络是一种特殊的自组织无线网络，其前身是美国 DARPA(Defense Advanced Research Project Agency)于 1972 年启动的分组无线网，它最初用于战场环境下的数据通信[5]。移动自组织网络最重要的特点在于它可以在不需要任何网络基础设施的情况下，在任何时刻、任何地点快速地进行组网[6-12]。由于移动自组织网络具有结构简单、组网迅速、使用方便、抗毁性强等特点，因此移动自组织网络被广泛地应用于军事通信、灾害救援、商务与学术会议等需要临时组网的领域。

和传统互联网的工作模式类似，移动自组织网络的工作模式一般有三个特点：①网络全连通，即网络中任一节点对之间至少存在一条持续稳定的端到端的通信路径；②延时短，即网络中任一节点对之间的通信延时较短；③丢包率低，即网络中端到端的数据传输的成功率较高。随着无线网络的广泛应用，人们开始尝试将无线网络的技术应用到更多的场景中，如卫星网络、深空通信网络、稀疏移动自组织网络、车载网络、稀疏无线传感器网络等。上述的新型无线网络和传统的移动自组织网络不同。在传统的互联网和移动自组织网络中，数据的传输依赖于网络的全连通，即网络中任一节点对之间至少存在一条持续稳定的端到端的通信路径，所有的服务如路由协议、拥塞控制等都基于此基础。然而在这些新型的无线网络中，由于环境的限制，如节点的稀疏分布、高速移动、无线传输限制或冲突，其常导致网络断裂，使得网络缺乏稳定的端到端路径[13-16]。因此，基于传统的互联网和移动自组织网络的工作模式在这些网络中无法施行，于是研究者们提出了机会移动网络的概念[17, 18]，其主旨就是设计一套协议规范来保证在连通性差和传输延时大的网络中其数据的传输得以顺利进行。

## 1.1.2　机会移动网络的概述和主要特性

### 1. 机会移动网络的概述

机会移动网络又称延迟/中断容忍网络[19-21]、间歇性连通网络[22-24]或稀疏网络[25-27]，是无线网络中一个新兴的研究热点。目前机会移动网络还没有统一的定义，其泛指由节点的稀疏分布、快速移动和无线通信技术的限制等造成的源节点和目的节点之间不存在完整的端到端连接的一类特殊的移动自组织网络[28-34]。

图 1.1 给出了机会移动网络的主要组成部分。如图所示，机会移动网络主要由三个部分组成：服务提供商、移动用户和网络基础设施。服务提供商主要是互联网上的一些服务器，它通过网络中的基础设施向移动用户提供服务。如前所述，移动用户则主要是一些手持的无线便携设备，可以自己产生数据或者通过网络中的基础设施向服务提供商请求数据，并且也可以帮助数据在网络中传输。网络基础设施则由一些 Wi-Fi 热点和基站组成，它主要负责将数据从服务提供商传输到移动用户。

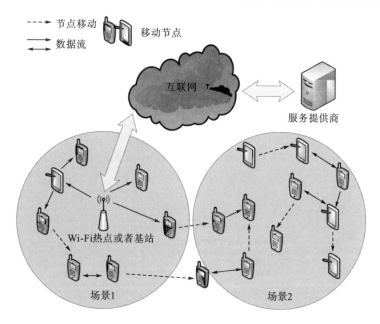

图 1.1　机会移动网络的主要组成部分示意图

　　在机会移动网络中,由于网络很稀疏并且网络拓扑是动态变化的,故很难保证节点到节点之间有一条连通的路径。因此,如果节点有数据需要传输的话,只能先缓存数据,当有其他节点进入其通信范围时,再和进入其通信范围内的中继节点交换数据,然后由中继节点转发数据直到传递到目的节点。这个数据传输过程称为"存储-携带-转发"机制[35-37]。图 1.2 是机会移动网络中"存储-携带-转发"数据传输模式的示意图。如图所示,图中有 3 个节点:$S$、$R$ 和 $D$。$T_1$ 时刻源节点 $S$ 需要将某个数据传输给目的节点 $D$,因为 $S$ 和 $D$ 不在彼此的通信范围内,因此在 $T_2$ 时刻,当 $S$ 和 $R$ 相遇时,$S$ 将该数据转发给 $R$。$R$ 将该数据存储在其缓存中并等待传输机会。在 $T_3$ 时刻,当节点 $R$ 运动到目的节点 $D$ 的通信范围内时,$R$ 将该数据传输给目的节点 $D$,完成该数据的传输。

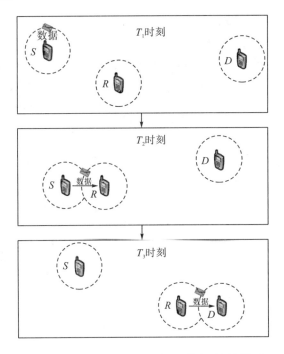

图 1.2　"存储-携带-转发"数据传输模式

## 2. 机会移动网络的主要特性

与传统的互联网和移动自组织网络相比，机会移动网络主要具有以下五个方面的特性[38-41]。

(1)端到端连接的间歇性：机会移动网络是部分连通或不连通的网络，在某一特定时刻，网络可能被分割成多个不连通的子网络，因而网络中往往不存在从源节点到目的节点的完整的端到端连接。即使出现暂时的端到端连接，也会因为网络拓扑结构的频繁变化而无法维持稳定。网络中有多种原因可能造成端到端连接的频繁中断，如节点的稀疏分布、快速移动、节能管理、损毁或无线电冲突等，并且通常来说，这些中断是无法预测的。

(2)低传输成功率和高传输延时：由于机会移动网络中往往不存在从源节点到目的节点的完整的端到端连接，并且采用"存储-携带-转发"的传输模式，因此数据在传输过程中经过每一个中继节点时都会产生很大的传输延时。这是因为中继节点需要通过自身的移动为传输的数据包寻找更加合适的中继节点或者目的节点。在传统的互联网和移动自组织网络中，由于节点间的通信距离很短，并且存在完整的端到端连接，因此端到端的传输延时较短，一般以秒来计算。相比传统的互联网和移动自组织网络，机会移动网络中的传输延时则要大得多，根据应用场景的不同，一般以分钟、小时、天，甚至以年来计算，这就造成很多对延时要求很高的数据包丢失。另外，机会移动网络中节点的存储能力一般有限，当数据的存储量大于缓存时，也会造成数据的丢失。

（3）节点寿命有限：机会移动网络中的节点大多依靠电池供电，因此节点的可用能量受到了严格的限制。一旦节点的能量消耗殆尽后，节点将被迫退出网络，无法继续为网络中的其他节点服务。

（4）节点资源有限：机会移动网络中通常是由计算能力和存储能力十分有限的无线便携设备组成。如果节点间传输的数据量很大，超过了节点的缓存能力或者计算能力，那么就很容易造成数据的传输失败，或者缓存的溢出错误。另外，机会移动网络中数据的传输主要依靠节点间的机会接触，也就是只有在节点间相互接触时才能传输数据，因此较窄的无线带宽和较短的链路连接时间也限制了机会移动网络中的数据传输。

（5）网络缺乏安全性：机会移动网络中的数据传输通常需要多个中继节点的存储和转发，这种数据传输模式很容易造成通信内容及节点信息的泄露。而现有的网络安全协议通常需要稳定的端到端连接及网络基础设施的辅助，这就造成了现有的网络安全协议不能直接应用到机会移动网络中。

## 1.1.3　机会移动网络的应用

机会移动网络的概念一经提出，就引起了国内外众多学者的关注，并取得了巨大的发展。由于机会移动网络独特的结构特点，它的应用场景也非常广，目前主要应用在传感器网络、野生动物追踪网络、车载网络、不发达地区的网络服务等领域。

### 1. 传感器网络

和传统的互联网及移动自组织网络一样，传统的无线传感器网络通常也假设传感器到汇聚节点之间存在一条连接的路径，以保证传感器采集到的数据能够快速并及时地传输到汇聚节点[42-44]。但是在某些特殊的环境，如当传感器节点大量部署在沙漠、森林中时，那么人们无法控制传感器的部署位置，这时传感器到汇聚节点之间可能就不会存在一条连接的路径。此时，就可以参照机会移动网络架构，通过加入一些移动节点来帮助采集传感器收集的数据。目前，这类网络暂时被定义为延迟容忍移动传感器网络[45]。

2. 野生动物追踪

野生动物流动、迁移和跨物种的相互作用对生态学的科学发展和进步具有重要的作用。追踪野生动物在荒野的社会行为已经得到了来自生物学和计算机网络领域学者的大量关注。如图 1.3 所示[46,47]，普林斯顿大学的学者于 2004 年启动了 ZebraNet[48]项目来追踪肯尼亚草原斑马的活动习性。该项目通过在斑马项圈中安装低功耗传感器来收集斑马的迁徙数据和斑马间的交互数据，研究人员通过定期地收集在移动基站汇集的数据来分析斑马的迁徙特点及斑马间的社会行为。

图 1.3    在斑马项圈中安装低功耗传感器的过程

3. 车载网络

车载网络是专门为车辆之间及车辆和路边设施之间通信而设计的自组织网络，并且将移动自组织网络和机会移动网络中的技术应用于车辆之间的通信，使道路上的车辆能够更加方便快捷地获取周围环境中的数据，以及实现车辆之间的点对点通信[49-51]。车载网络不仅能够实现交通事故预警、道路交通信息查询、车辆之间的点对点通信，而且可以实现车辆、人、环境、网络融为一体，因此有着广泛的应用前景。如图 1.4 所示，车载网络最典型的应用场景就是车辆可以利用路边设施很方便地访问互联网及与车辆之间进行数据交换。值得注意的是，由于道路上车辆的移动速度很快，并且车辆的分布不均匀，这很容易造成道路上车辆之间链路的中断。因此，针对这种情况，一些学者提出了车载延时容忍网络的概念[52]，以此来解决这类问题。

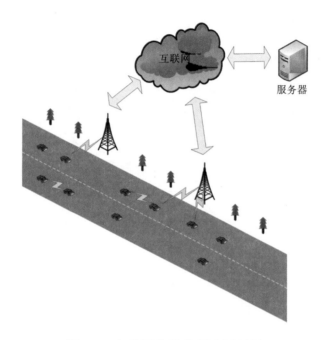

图 1.4　车载网络的典型应用场景

### 4. 不发达地区的网络服务

利用机会移动网络可为不发达地区如发展中国家或者一些偏远地区提供网络服务，因此最近也得到了一些学者的关注。通常这些不发达地区的网络基础设施不够完善，因而无法为人们提供一些基于互联网的服务。利用机会移动网络技术，可以为这些地区的人们提供非即时的但价格很低廉、可用的网络服务。例如，由一些研究者开发的DakNet[53]项目旨在利用机会移动网络技术为一些偏远乡村提供网络服务。DakNet 项目主要由三部分组成：部署在乡村的无线接入点、装备有短距离通信设备的公交车辆及部署在城镇的互联网接入基站，这些设备之间使用 Wi-Fi 接口进行通信。具体工作模式如下：村民通过一些无线便携设备向部署在乡村的无线接入点请求一些关于电子邮件、网上银行及政府业务等方面的服务，这些请求随后被缓存在具有缓存功能的无线接入点的设备中；当往返于乡村和城镇的公交车进入这些无线接入点的通信范围时，公交车会通过车载无线接入设备和这些无线接入点进行通信，并且将读取这些请求；当公交车到达城镇时，就可以从部署在城镇的互联网接入基站上传或下载村民请求的数据。

## 1.1.4　机会移动网络中的数据传输

目前，对于机会移动网络中数据传输的研究主要集中在对路由协议或者数据转发及数据分发的研究。路由是任何组网技术的首要问题。如前所述，机会移动网络通常以"存储-携带-转发"的模式传输数据。在这种模式下，当节点不存在到目的节点的路径时，数据将被缓存在当前节点中以等待合适的转发机会。因此，为每个缓存数据选择合适的下一跳转发节点和设计合适的数据转发策略，就成为机会移动网络中设计路由协议的关键问题[54]。

机会移动网络中对于数据分发的研究主要是和机会移动网络中基于数据的服务相结合。基于数据的服务在传统的互联网和移动自组织网络中已经得到了广泛的研究[55, 56]。一般来说，这些提出的基于数据的服务机制与依靠网络基础设施或者移动节点之间有稳定的端到端连接。因此，这些现有机制不能直接被应用到机会移动网络中。机会移动网络中传输数据的基本模式是"存储-携带-转发"，因此网络中的节点会缓存待转发的数据，这种特征使得对缓存数据的利用成为机会移动网络的一种全新应用模式。与传统的互联网和移动自组织网络不同，机会移动网络中关于数据的服务一般基于发布/订阅机制。在该机制中，数据通常按照其属性被归类成信道(channel)或者种类(category)[57-59]，每个信道代表一种类型的数据，网络中的用户则对其中一个或多个信道感兴趣。网络中一部分用户发布订阅请求或兴趣消息也就是数据订阅者，同时还有一部分用户产生资源数据也就是数据发布者，其目标就是将数据从数据发布者传输到数据订阅者，而针对这一过程的数据传输过程即为机会移动网络中的数据分发过程。

在过去的将近十年中，大量的研究者针对机会移动网络中的数据传输问题提出了众多的数据传输机制。但是由于机会移动网络具有网络稀疏、网络拓扑结构时变、节点的能量和带宽有限等多方面的特点，因此现有的很多数据传输机制的应用都受到了很大的限制，例如，机会移动网络中现有的数据传输机制大都没有考虑节点能量有限的问题。事实上，在网络中节点能量(或者资源) 有限的情况下，如何提高网络中节点的能量(或者资源)有效利用率及数据的传输效率，是机会移动网络中研究数据传输问题的一大难题。因此，机会移动网络中的数据传输仍然有很多的问题需要去解决。由于邻居发现是机会移动网络中数据传输的基础，并且邻居发现过程会消耗节点很多的能量，因此本书首先对机会移动网络关于邻居发现中的能量节省问题进行了研究，而后，基于邻居发现过程中的一些研究成果，并对机会移动网络在不同场景下的数据传输问题进行了研究并提出了相应的数据传输机制。

## 1.2　研　究　现　状

　　和传统的互联网及移动自组织网络不同，机会移动网络不要求网络的全连通，因此更加适合于现实生活中的实际组网需求。自从 Fall 在 ACM Sigcomm 2003 会议上首次提出了机会移动网络这一相关概念以后[19]，随即引起了研究者的广泛关注。近年来，在计算机网络领域顶级会议(如 ACM Sigcomm、ACM Mobicom、ACM MobiHoc、IEEE Infocom、IEEE ICDCS、IEEE ICNP、IEEE SECON 和 IEEE MASS) 上，相关研究成果逐年增多。同时，各大会议还专门设立了一些研讨会，如 ACM Mobicom 的 CHANTS、ACM MobiSys 的 MobiOPP 及 IEEE ICDCS 的 DTMN 等，供广大研究者学习和交流。

　　目前，对机会移动网络的相关研究已经有十余年，其中的研究热点主要集中在邻居发现、机会转发机制及数据分发等。另外，激励机制、安全隐私保护等支撑技术也得到了研究人员的一定关注。

### 1.2.1　机会移动网络中的邻居发现问题

　　在机会移动网络中，为了实现节点之间的数据传输，网络中的节点必须不断地探测其周围的环境进而发现在其周围的邻居节点，并且保持监听模式，接收在其周围的邻居节点发送的探测数据。毫无疑问，为了实现节点的邻居发现过程，节点在接触探测过程和监听模式中都会消耗很多能量，因此一些现有的工作研究了机会移动网络邻居发现过程中的能量节省问题。

　　1. 接触探测过程中的能量节省

　　无线移动传感器网络中的随机事件捕捉过程和机会移动网络中的邻居发现过程类似。在随机事件捕捉过程中，传感器需要不断地发送探测包来捕捉随机事件。因为在这个过程中能量有限的传感器节点会消耗大量的能量，因此一些最近的研究为无线移动传感器网络中的随机事件捕捉过程设计了一些能量有效的机制[61,62]。文献[61]研究了无线移动传感器网络中能量效率和监测质量之间的折衷。文献中为事件的监测质量定义了一个效用函数：用每个单位能量捕捉的期望信息来评价某一个移动传感器节点总的事件捕捉性能，并且系统地分析在不同场景下的最优事件捕捉策略。为了提高事件捕捉过程中能量的有效利用率，文献[62]设计了一种有节能意识的周期性工作机制，并且考虑了以下的四个设计要点：①没有协调休眠下的同步周期性覆盖；②有协调休眠下的同步周期性覆盖；③没有协调休眠下的异步周期性覆盖；④有协调休眠下的异步周期性覆盖。

　　机会移动网络中的邻居发现过程比无线移动传感器网络中无记忆的事件捕捉过程更加复杂。因为机会移动网络中的节点在邻居发现过程中会消耗很多的能量，并且探测频率越大意味着能量消耗越多，所以一些研究者考虑通过研究邻居发现过程中的探测频率来节省能量[63-67]。文献[63]研究了机会移动网络中的探测间隔对于错失一次接触的概率的影响，并且研究了接触错失概率和能量消耗之间的折衷；再者，通过分析真实移动数据集中节点间的接触规律，作者提出了一种自适应的接触探测机制"STAR"。基于真实移动数据集的实验结果表明，"STAR"要比采用恒定接触探测间隔策略消耗的能量少三倍。文献[65]和文献[66]研究了接触探测对于链路时长的影响，并且研究了能量消耗和吞吐量之间的折衷。除此之外，该文献也提供了一个用于在能量有限情况下计算最优接触探测频率的框架，其中每个节点都根据节点相遇率去自适应地调整接触探测频率。文献[67]给出了两种新颖的自适应工作机制来动态地为接触探测过程选择合适的参数。网络中的节点在两个无线电之间进行切换：一种是低功率无线电，它采用一种慢发现模式去发现接触和传输数据；另一种是高功率无线电，它根据节点的移动情况采用一种快的发现模式来发现接触和传输数据。实验结果表明文献中提出的自适应算法要比静态的能量保持算法消耗的能量减少 50%，但是相应的网络性能却能提高 8%。

2. 空闲监听模式下的能量节省

上面的工作旨在通过研究节点的接触探测过程来节省能量，而并没有考虑网络中的节点在空闲监听模式下的能量消耗。事实上，节点在空闲监听模式下消耗的能量要远大于其在接触探测过程中消耗的能量。因为占空比操作对于能量节省来说是一个有效的方法，因此一些工作已经开始研究利用占空比操作来节省邻居发现过程中在空闲监听模式下的能量消耗[68-71]。文献[68]使用一些固定的电池驱动节点——"Throwbox"以提高机会移动网络的容量。文献中为节点的远距离无线电设计了一种占空比控制器并以此来节省能量，其中远距离无线电用来预测移动节点何时会在 Throwbox 的通信范围内及在 Throwbox 通信范围内的时长。文献中建立了一种基于公共汽车的机会移动网络测试床，以此来评估提出方法的性能。但是，提出的方法需要得到节点的实时位置、速度和方向信息来反馈预测算法，并且需要 GPS 数据实现时钟同步，这些对于由能量有限的便携设备组成的机会移动网络来说是很难实现的。文献[69]研究了在占空比机会移动网络中以唤醒时长、休眠时长及接触时长为函数的能量节省折衷。文献给出了占空比机会移动网络中能量节省和接触发现概率之间的折衷，及延时容忍对象和能量节省之间的折衷。但是，文献中只给出了当接触时长为某一个特定值时的折衷。文献[70]和文献[71]提出了一种能量有效的邻居发现机制，叫作协作占空比机制。该机制利用网络中的节点定期地聚集在某些热点，从而形成一些连接的簇。基于这样的移动模式，节点之间的合作被利用在文献中的接触发现设计中。

## 1.2.2  路由机制

机会移动网络和传统的互联网及移动自组织网络不同的关键点在于其采用的数据传输机制——"存储-携带-转发"模式。由于现有的基于传统网络的数据传输机制不能直接应用到机会移动网络中，因此如何设计高效的数据转发机制成为机会移动网络的研究热点和难点，同时也是目前为止机会移动网络中研究最广泛的领域[54]。目前，机会移动网络中的数据转发机制主要分为五大类：基于复制、基于效用值、基于节点间社会关系、基于编码和基于基础设施帮助的数据转发机制，如图 1.5 所示。

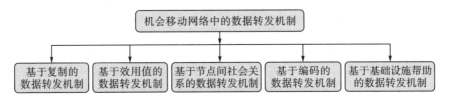

图 1.5    机会移动网络中的数据转发机制分类

### 1. 基于复制的数据转发

在该类数据转发机制中，同一数据的多份拷贝被注入网络中，当其中的一个数据到达目的节点时，则数据传输成功。其核心问题是确定数据的拷贝份数和拷贝方式。最早提出的两种路由机制是此类机制的两个极端。①在传染路由（Epidemic routing）机制中[72]，网络中的节点简单地将每个数据洪泛到整个网络中，也就是每个携带数据的节点都将自身携带的数据转发给所有遇到的邻居节点。如果网络中节点的能量、带宽和缓存等资源足够，这种路由机制具有最高的数据传输成功率，但其缺点是网络开销太大；②直接传输（direct transmission）机制则要求源节点缓存数据直到遇到目的节点才转发，即一跳转发[73]。这类路由机制具有最小的网络开销，但其缺点是数据传输延时大而且数据传输的成功率最低。之后这类路由机制的研究工作主要介于传染路由和直接传输路由之间，其试图以尽可能小的网络开销去达到或者接近传染路由的数据传输成功率[74, 75]。一种简单的降低传染路由网络开销的方法[74]是设定网络中的节点以一定的概率 $p$($p$<1)去转发数据。这种方法可以根据得到的网络性能去设定概率 $p$ 的值，从而以尽可能小的网络开销去达到或者接近传染路由的数据传输成功率。

文献[75]～文献[77]结合传染路由机制与直接传输路由机制各自的优势，提出了一种"喷洒式"转发机制，其核心思想是由源节点为网络中的数据指定允许的最大拷贝份数 $K$，并使用基于二叉树的方法来转发这 $K$ 份拷贝。"喷洒式"转发机制包括喷洒等待和喷洒聚焦两种机制，其中喷洒等待机制包括两个阶段：①当遇到没有缓存该数据的节点时，具有该数据的当前节点将该数据拷贝给该节点，并将拷贝份数分成两半，由该节点完成($K$-1)/2 份，当前节点完成剩下的($K$-1)/2 份；②当节点中的数据只剩下 1 份拷贝任务时，转入等待阶段，也就是缓存该数据直至遇到目的节点才转发。喷洒聚焦机制将喷洒等待机制中的等待阶段改进为聚焦阶段，聚焦阶段中的节点数据不断地从转发性能指标低的节点转发到性能指标高的节点，直到传输给目的节点，这样可以大幅度地提高数据传输的成功率。

### 2. 基于效用值的数据转发

在该类机制中，每个节点会维护一个不断更新的效用指标来评估所遇节点的转发性能，然后根据数据的效用值决定是否将数据转发给遇到的节点。在这里，如何定义数据的效用值就成为了该类机制的核心。

一些研究工作介绍了一种基于目的节点的方法，其转发指标是通过计算到目的节点的概率来决定是否转发数据[78-80]。FRESH[78]使用最近一次和目的节点相遇的逝去时间作为转发指标。PRoPHET[79]则使用过去和目的节点的相遇历史记录预测未来和目的节点相遇的概率，然后根据和目的节点在未来相遇的概率来决定是否转发数据。为了进一步减少网络开销和提高能量的有效利用率，文献[80]提出了一种委托转发的机制。该机制试图将数据拷贝只复制给到目前为止转发性能指标最高的节点。文献[81]和文献[82]提出了一种基于效用值的数据转发机制 RAPID。因为机会移动网络中节点的带宽和缓存都是有限的，因此该机制将机会移动网络中的数据转发机制转化成一个资源分配的优化问题。在该机制中，每个节点根据数据的效用值来决定对哪些数据进行复制，数据的效用值则由到目的节点的延时或者和目的节点相遇的概率来决定。

3. 基于节点间社会关系的数据转发

最近，一些研究利用节点间的社会关系来设计数据转发机制。从长远角度看，由于节点间的社会关系比其他转发模式具有更强的稳定性，因此这一方向吸引了大批研究人员的关注[36, 83-85]。一些研究人员利用社会网络中的中心性概念和社区概念来设计数据转发机制的过程均取得了很大的进展。例如，文献[84]利用社会网络中的节点中心性概念，通过对节点间相遇数据的统计和分析，分布式计算每个节点在网络中的重要程度，并以此作为节点转发决策的依据。文献[36]利用节点的累计接触概率来定义多播中节点的中心性指标，如果节点的中心性越高，说明这个节点在网络中的重要性就越大，那么从该节点传输数据到机会移动网络中其他节点的概率就越高，因此在数据传输过程中会优先选择这些中心性高的节点作为中继节点。值得注意的是，该文献中假设节点对之间的接触间隔时间服从指数分布。文献[84]中提出的 SimBet 数据转发机制使用介数(betweenness)中心性指标和社会相似性(social similarity)来进行数据转发。在该机制中，数据被转发给那些具有高的中心性而且和目的节点具有高的相似性的节点，这样数据就能以高的数据传输率转发到目的节点。文献[85]通过对节点间相遇数据的统计和分析，将相遇频繁的节点归为同一社区。由于同一社区的节点相遇频繁，因此只要将网络中的数据转发至与目的节点隶属于同一社区的节点，这样目的节点就可以从隶属于同一社区的节点处得到传输的数据，从而大幅度降低数据的传输延迟和网络开销，进而提高数据的传输成功率。文献[83]中提出的 Bubble Rap 数据转发机制则集合了上述的中心性概念和社区概念。如果当数据还没有被传递到和目的节点同属一个社区的中继节点时，那么数据拷贝将转发给全局中心性更高的中继节点；如果当数据被传递到和目的节点同属一个社区的中继节点时，那么数据拷贝将会转发给局部中心性更高的中继节点。数据将会以这种方法一直转发，直至数据被传输到目的节点。

4. 基于编码的数据转发

编码技术是一项用来补偿由链路失效而造成网络性能下降的方

法。基于编码技术的数据转发机制的基本思想是将待传输的数据编码成一组尺寸很小的数据块，目的节点只要接收到这些小的编码块的一部分，即可通过编码技术重建原来的数据。文献[86]提出了一种基于擦除编码的数据转发机制。在该机制中，源节点先将原始数据分成 $m$ 片，然后将这些数据片编码成 $k$ 个小的编码块，目的节点只需要接收到 $k$ 个编码块中的任意 $m \times (1+\varepsilon)$ 个即可重建原来的数据，其中 $\varepsilon$ 是由具体编码算法确定的小常数[87]。该机制可以补偿在网络连接较差的情况下由数据传输失败而造成的网络性能下降，但在网络连接足够好的情况下却不能充分利用节点间的连通机会，因为节点每次相遇时都只传输固定数目的小编码块，而没有充分利用节点间的接触持续时间。文献[88]提出了一种基于擦除编码和复制的混合式数据转发机制。在该机制中，除对每个数据进行编码外，还对每个编码后的小数据块进行复制，产生一份额外的拷贝。当节点相遇时，原始的小编码块的传输方法和文献[86]中的传输方法一样，而复制的小编码块则采用积极传输的方法，即当传输完固定数目的原始小编码块后，在剩余的接触持续时间内，尽可能多地传输复制的小编码块，通过充分利用节点间的每次连通机会，从而取得更好的数据传输性能。

此外，文献[89]引入了另外一种编码方式，叫作网络编码，并且为机会移动网络提出了一种基于随机线性网络编码的数据转发机制。网络编码和擦除编码的主要不同点在于：首先，网络编码允许中继节点对转发的数据进行编码，而擦除编码则只允许源节点对数据进行编码；其次，擦除编码依赖于冗余的小尺寸编码块来保证传输的可靠性，而网络编码则将收到的数据一起进行编码，从而实现鲁棒传输并且具有较低的网络传输开销。例如，文献[90]中的研究将网络编码和传染路由进行了结合，文献中的研究结果表明基于网络编码的传染路由可以实现较低的传输开销比，尤其是在传播大量的数据时。

5. 基于基础设施帮助的数据转发

在这类数据转发机制中，部分特殊节点作为额外的参与者静态地部署到网络中或者主动移动为其他普通节点提供链路连接服务[91]。在网络中节点移动性有限的情况下，这种机制可以很好地解决节点间链路连接失败的情况。文献[91]在稀疏传感器网络中引入了一些可以随机移动去收集传感器数据的骡子节点，其中这些骡子节点主要由一些具备通信功能的车辆或动物节点组成。该架构利用这些骡子节点去收集传感器数据，并以单跳或者多跳的方式将收集到的传感器数据转发到骨干网接入点。文献[25]则在机会移动网络中引入了一些可以移动的消息轮渡节点，以此来帮助普通节点间的数据传输。因为单消息轮渡系统容量小且容易因单点失败而导致整个系统崩溃，因此文献[92]又提出了利用多个消息轮渡节点来提供通信服务，以提高整个系统的传输效率和可靠性。在这类机制中，引入的受控移动节点相当于一种移动的网络基础设施，以使得机会移动网络中的普通节点互联，从而提高网络的总体性能。

除移动基础设施外，固定的基础设施也可以帮助提高节点间的数据传输。和骡子节点[91]及消息轮渡节点[25]不同，固定的节点(基础设施)是通过部署在合适的位置来增加整个网络的传输性能。文献[68]提出了通过部署 Throwbox 来增加整个网络的传输性能，其中 Throwbox 是一种电池驱动的短距离通信装置。当两个节点在不同的时间进入 Throwbox 部署的通信范围时，Throwbox 就可以作为一个中继节点去帮助数据的传输。给定网络的连接图和请求的数据流量，这个固定的中继节点部署问题就可以被描述为一个线性规划问题。文献[93]研究了在最小化中继节点数量和跳数的情况下去寻找符合要求的最短路径。

### 1.2.3    数据分发

机会移动网络中的数据分发一般是基于数据兴趣匹配的，即网络中的数据通常按照其属性被归类成信道(channel)[57-59]或者种类(category)[32,60]，网络中的用户则对其中一个或多个信道感兴趣。网络中的一部分用户发布订阅请求或兴趣消息，同时还有一部分用户产生资源数据。数据分发的目的是将数据从发布者传输到订阅者，那么在网络中节点缓存有限的情况下，如何设计数据分发机制和进行缓存管理以使得数据能够更加高效地从发布者传输到订阅者，是目前机会移动网络中针对数据分发研究的主要问题。

机会移动网络中早期针对数据分发的研究主要依靠一些现有的网络基础设施。文献[94]中提出的 TACO-DTN 机制是一种混合式的架构，其中既有固定的骨干节点，也有一些移动的普通节点。TACO-DTN 机制引入了一个利用属性表达暂时兴趣的概念，并且提出了一种基于数据的暂时效用值和缓存管理的数据分发机制。文献[95]提出的 Peoplenet 机制也是一种混合式的架构，但是与 TACO-DTN 机制不同，Peoplenet 机制中的兴趣表达和匹配依靠发表订阅请求和匹配订阅请求，并且利用节点的机会连接进行转发。

近来机会移动网络中关于数据分发的研究主要集中在针对移动节点中的数据分发，并且采用发布/订阅机制，也就是网络中的数据通常被分为不同的信道，并且数据分发依靠用户对所订阅的信道的引导。基于发布/订阅机制的数据分发由 PodNet 项目[57,96]开始，该项目为机会移动网络中的数据分发提出了一种 Podcasting 机制。在 PodNet 项目的第一版中[57]，节点仅得到那些属于它们订阅的信道的数据。为了提高数据分发的整体性能，在后面的版本中[96]，节点不仅可以得到那些属于它们订阅的信道的数据，而且还可以缓存一些属于其他信道的数据。文献[59]中提出的 ContentPlace 机制则通过动态分析节点间的社会关系来决定数据存储的位置，从而提高数据的可靠性及数据分发的效率。文献[97]中提出的 SocialCast 机制也是通过分析节点间的社会关系来进一步提高 Podcasting 机制的性能。和 ContentPlace 机制不同，SocialCast 机制利用了网络中节点间的"同嗜性"（homophily）[98]，也就是假设具有相同兴趣的节点间的接触比其他节点间的接触更加频繁，因此提出了基于同嗜性递进的分发机制。此外，文献[99]则从数据分发的网络开销（指转发节点的个数）及有效性出发，提出了一种基于发表订阅机制的数据分发通用框架。该机制基于节点的中心性及数据的受欢迎程度来进行递进分发，从而提高数据分发的效率。

## 1.2.4 其他研究问题

除上述介绍的机会移动网络中关于邻居发现、数据转发及数据分发等方面的研究外，也有部分研究者关注机会移动网络中关于激励机制、网络安全和隐私保护等方面的问题。

1. 激励机制

机会移动网络中的多数场景都假设节点间是互相合作的，也就是网络中的节点都愿意为其他节点提供服务。然而在实际的网络中，机会移动网络中的节点多数都是自私的。这是因为机会移动网络中的节点被理性的个体所控制，如人或者组织等[100]，它们的目标就是最大化自己的收益，而不愿意贡献自己的资源(如内存空间、传输带宽、能量等)给网络中的其他节点。因此，为了激励机会移动网络中节点间的相互合作，需要有适当的激励机制来促进节点间的合作，从而避免完全抵制和"搭便车"[101]等极端现象的发生。

激励机制已经在传统的互联网和移动自组织网络及 Peer-To-Peer 网络中被广泛研究过[102-107]。但是对于机会移动网络来说，目前相关的研究成果还比较少[108,109]。文献[110]在随机方向移动模型中研究了机会移动网络中节点的自私行为对传染路由、两跳中继路由及喷洒等待三种典型数据转发机制性能的影响。实验结果表明，当网络中存在大量的自私节点时，网络的整体性能将受到很大的影响。文献[111]提出了一种使用预先存在的社交网络信息去检测和惩罚自私节点的激励机制。这些预先存在的社交网络信息主要从问卷调查中或者从在线社交网络(如 Facebook 的朋友列表等)中得到。文献[112]和文献[113]提出了一种基于信誉的数据转发机制，该机制将信誉框架和数据转发协议完整地结合起来。文献[114]则提出了一种具有激励意识的数据转发协议，该机制基于"针锋相对"策略(tit for tat，TFT)，目的是在确保整个网络性能没有明显下降的情况下去尽可能优化每个节点的数据传输性能。文献[115]提出了一种基于电子货币的激励机制去处理数据分发过程中节点的自私行为。该机制考虑网络中的节点会对一些类型的数据感兴趣，为了得到自己感兴趣的数据，这些节点必须支付相应的电子货币来购买这些数据，这就激励网络中的节点利用自己的缓存去为其他节点存储一些数据，利用这些缓存的数据就可以和其他节点进行交易以获取一些电子货币。文献[116]提出了一种激励数据协作机制去激励网络中的自私节点参与到数据传输过程中，但是该机制没有将资源约束如缓存考虑进去。文献[100]提出了一种基于数据效用值驱动的交易系统，简称 MobiTrade，以此去优化机会移动网络中在自私环境下的数据共享策略，并且得到了一种最优的缓存管理策略。该缓存管理机制根据过去每个信道的数据历史交易量为节点缓存中每个信道的缓存配额进行了定义。

2. 安全和隐私问题

机会移动网络中的数据传输以"存储-携带-转发"的模式进行工作。在这种模式下，很容易造成数据在转发过程中被泄密或被篡改，或者网络中参与节点信息的泄密[117-119]。目前，已经有很多学者对机会移动网络中的安全和隐私问题展开了研究[120-122]。文献[120]研究了机会移动网络中传染路由协议在不同攻击模式下的性能。实验结果表明，恶意攻击的结果取决于节点的密度、移动性和网络拥塞程度等网络场景。文献[121]则研究了基于身份的加密技术在机会移动网络中的可行性。实验结果表明，基于身份的加密技术可以更好地保护数据的机密性，但在保证数据完整性方面的性能却并不比传统加密技术好。文献[123]对机会移动网络中发布的匿名移动轨迹的安全性进行了分析。实验结果表明，即使在不知道发布的匿名移动轨迹中节点真实身份的情况下，恶意攻击者仍可以根据获取的移动轨迹片段识别节点的真实身份。文献[122]研究了机会移动网络中的垃圾信息过滤，并提出了一种基于隐私保护的垃圾信息过滤机制。因为垃圾信息在网络中传输时会占用很多的资源，因此在数据的转发中应尽早通过过滤机制发现垃圾信息，并删除这些信息。该机制不仅可以保证在过滤的过程中不会泄露节点的隐私，并且可以极大地提高网络的性能。

# 第2章　机会移动网络中能量有效的接触探测

在机会移动网络中，为了实现节点之间的数据传输，网络中的节点必须不断地探测它们周围的环境去发现邻居节点。这个接触探测过程极其耗费能量。如果探测太过频繁，会耗费很多能量，且使得能量的使用效率降低。另外，稀疏的接触探测可能导致节点失去和其他节点的接触，从而错失交换数据的机会。可见，在机会移动网络中能量效率和接触机会之间存在着一种折衷的关系。为了研究这种折衷关系，首先，对基于随机路点模型的接触探测过程进行了建模，分别得到了单点探测概率和双点探测概率的表达式。证明了在所有平均接触探测间隔相同的策略中，以恒定间隔探测的策略是最优的；其次，通过仿真实验验证所提出模型的正确性；最后，基于提出的理论模型，分析了不同情况下能量效率和有效接触总数之间的折衷。实验结果表明，"好的折衷点"会随着节点移动速度的变化而发生显著变化。单点探测概率和双点探测概率随着节点移动速度的增加而减小，然而在单点接触探测和双点接触探测的过程中，有效接触总数会随着节点移动速度的增加而增加。

## 2.1　引　　言

在机会移动网络中，为了实现节点之间的数据传输，网络中的节点必须不断地探测周围的环境，从而发现附近的邻居节点。显而易见，这个接触探测过程会消耗大量的能量。文献[63]中的作者在诺基亚6600 手机上做了一个实验以检测接触探测过程中所消耗的能量，结果表明手机做一次接触探测所需要的能量和打一次电话所需要的能量几乎相等；再者，机会移动网络是一个接触很稀疏的网络，节点的接触时间间隔远大于节点的接触时长，这就意味着如果网络中的节点太过频繁地探测周围的环境，就会浪费很多的能量。因此，研究如何提高接触探测过程中能量的使用效率是一个很紧迫的问题。

接触探测过程中节省能量的一种策略是增加节点接触探测的时间间隔。采用这种策略的结果是网络中的节点会有一定程度地错失和其他节点接触的机会，从而失去和其他节点交换数据的机会；再者，如果节点探测周围的环境太频繁，就会使得很多能量都消耗在接触探测过程中，而且这些能量的使用效率也不高。通过上述分析可以看出，在接触探测过程中能量效率和接触机会之间存在一种折衷的关系。对于采用恒定时间间隔去探测的策略，探测的间隔越长，那么错失的接触数量就越大；探测的间隔越短，那么错失的接触数量就越小，但是消耗的能量就越多。为了研究机会移动网络中能量效率和接触机会之间的折衷，本章提出了一种研究，即基于随机路点模型的接触探测过程的理论模型。然后，基于该模型分析了不同情况下的能量效率和有效接触总数之间的折衷。

本章工作的创新点和主要贡献如下。

(1)基于随机路点模型,提出了一种研究机会移动网络中接触探测过程的理论模型，给出了在随机路点模型中接触时长分布的情况下，从理论上分别得到了单点探测概率和双点探测概率的表达式，并给出了所有平均探测间隔相同的策略中的最优策略。

(2)通过大量仿真实验验证提出理论模型的正确性。结果表明，不同场景下的仿真实验结果和理论结果都很接近，从而证明了所提出理论模型的正确性。仿真实验结果也表明该理论模型能够应用到一般的场景。

(3)基于该理论模型，得到了一段时间内某个节点能够检测到的有效接触的数量，这里用有效接触总数来表示，并分析了不同场景下的能量效率和有效接触总数之间的折衷。

本章组织安排如下：2.2 节介绍和本章相关的网络模型；2.3 节提出一种理论模型去研究基于随机路点模型的接触探测过程，并且分别得到了单点探测概率和双点探测概率的理论表达式;2.4 节给出所有采用相同的平均接触探测间隔策略的最优策略;2.5 节做了大量仿真实验用以验证所提出理论模型的正确性。基于所提出的理论模型；2.6 节分析了不同场景下的能量效率和有效接触总数之间的折衷；2.7 节给出了本章的小结。

## 2.2   网 络 模 型

本节介绍机会移动网络中和接触探测过程相关的网络模型。机会移动网络中有多种移动模型，包括随机路点模型[124, 125]、随机漫步模型[126]和真实的移动轨迹[127]。本章集中对基于随机路点模型的接触探测过程进行研究。在随机路点模型中，考虑一种二维的正方形场景，其长和宽都为 $s$。在移动模型中，每个节点会以相同的概率从 $[V_{\min}, V_{\max}]$ 中选择一个移动速度 $V$，然后以速度 $V$ 向一个选定的目标位置移动。一旦到达目标位置，节点会暂停一段时间，然后再选择另外一个速度向另一个目标位置移动。以这种方式一直重复以上的过程。为了方便建模，假设网络中总共有 $N$ 个节点，节点的移动速度为 $V$，节点的暂停时间相同并且为 0。

在机会移动网络中，节点之间是接触的，当且仅当它们在彼此的通信范围内。将节点之间不间断接触的时间长度定义为接触时长，同时连续的接触之间的间隔时间被定义为接触时间间隔。假设接触时长 $T_d$ 是独立同分布的随机变量，其累计分布函数为 $F_{T_d}(t)$。图 2.1 给出了一个关于两个节点之间接触时长 $T_d$ 和接触时间间隔 $T_c$ 的例子。为了方便分析，同时假设每次探测需要的能量是相同的，这样节点的能量消耗率就可以转化为平均接触探测频率。

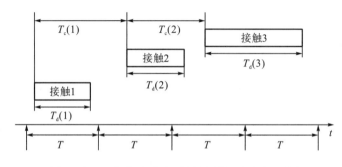

图 2.1   两个节点之间的接触探测过程示例

　　为了实现上面的数据交换过程，网络中的节点必须不断地探测周围的环境去发现在其附近的其他节点。假设网络中总共有 $N$ 个节点。这些节点由一些具有蓝牙接口的便携设备组成，且有相同的通信距离 $r$。因为便携设备中蓝牙的通信距离一般小于 10m[128]，所以本章也假设通信距离 $r \leqslant 10m$。机会移动网络中的两个节点是接触的，当且仅当两个节点在彼此的通信范围内。但是，如果两个节点在接触过程中都没有探测的话，那么也会错失数据交换的机会。因此，这里将接触探测过程中的接触分为两类：有效的接触和错失的接触。有效的接触发生时当且仅当在两个节点的接触过程中，至少有一个节点探测了其周围的环境。这类接触可以被彼此发现，且可以被用于机会移动网络中的不同应用。错失的接触发生时当且仅当在两个节点的接触过程中，两个节点都没有探测其周围的环境。由于此类接触不能被彼此发现，因此定义此类接触为错失的接触。由于机会移动网络中的接触一般是很稀疏的，并且接触探测过程对机会移动网络中的各种应用都有很大的影响，因此下一节会对机会移动网络中的接触探测过程进行建模。

## 2.3　接触探测过程建模

　　机会移动网络和其他传统的连通网络不同(如 P2P 网络和互联网)，其节点之间是间歇地连通[129, 130]。网络中的节点能够彼此通信，当且仅当它们进入了彼此的通信范围。由于机会移动网络中的链路经常断路，而且拓扑结构经常变化，故节点之间的接触无法预知。因此，网络中的节点需要不断地探测周围的环境去发现和其他节点的接触。本节研究了基于随机路点模型的接触探测过程的建模问题。

### 2.3.1　单点探测概率

　　本小节主要研究接触探测过程中两个节点之间的接触能被其中的某一个节点检测到，并且定义该过程为单点接触探测过程。这里定义单点探测概率 $P_{sd}$ 为两个节点之间的接触被其中某一个节点检测到的概率。为了方便下面的分析，假设对于节点 $A$，其一次和节点 $B$ 之间的接触被检测到(也就是有效的接触)，当且仅当和节点 $B$ 之间的接触被节点 $A$ 探测到，否则这次接触就被错失。如图 2.1 所示，设定节点 $A$ 以恒定的间隔 $T$ 探测，那么对于节点 $A$ 来说，接触 2 和接触 3 是有效的接触，而接触 1 则为错失的接触。下面的部分会计算双点接触概率，也就是接触探测过程中两个节点之间的接触被其中的任意一个节点(节点 $A$ 或者 $B$)检测到的概率。首先考虑网络中的节点以恒定的间隔 $T$ 探测(图 2.1)，下面的部分会分析平均探测间隔相同的接触探测策略。

为了计算单点探测概率 $P_{sd}$，需要考虑多个参数，包括探测的间隔 $T$ 和接触时长 $T_d$ 等。值得注意的是，当 $T_d \geqslant T$ 时，两个节点之间的接触都能被检测到。

**定理 2.1** 对于以恒定的间隔 $T$ 探测的节点 $A$ 来说，单点探测概率可以表示为

$$P_{sd} = \frac{1}{T}\int_0^T \Pr\{T_d + t \geqslant T\}\mathrm{d}t = 1 - \frac{1}{T}\int_0^T F_{T_d}(t)\mathrm{d}t \qquad (2.1)$$

**证明** 假设节点 $A$ 是在时间点 $\{T, 2T, \cdots\}$ 探测其周围的环境，这里只考虑在时间范围 $[0,T]$ 内去计算单点探测概率。如果一次接触能够被节点 $A$ 检测到，那么①和节点 $A$ 的接触刚好发生在节点 $A$ 在时间 $T$ 要探测周围的环境时；②和节点 $A$ 的接触发生在 $[0, T)$ 的时间范围内，但是它们的接触时长足够长，从而可以保证当节点 $A$ 在时间 $T$ 要探测周围的环境时，它们仍然处于接触的状态。因此，单点探测概率是上面两个部分之和，也可以表示为式(2.1)。

如果节点之间的接触时长 $T_d$ 服从一个给定的分布，那么就可以从理论上得到能量消耗和单点探测概率 $P_{sd}(t)$ 之间关系。文献[131]和文献[132]显示了随机移动模型中的接触时长 $T_d$ 是独立同分布的变量，其累计分布函数 $F_{T_d}(t)$ 可以表示为

$$F_{T_d}(t) = \frac{1}{2} - \frac{r^2 - V^2 t^2}{2rVt}\ln\left(\frac{r+Vt}{\sqrt{|r^2 - V^2 t^2|}}\right) \qquad (2.2)$$

其中，$r$ 为节点的通信范围；$V$ 为节点的移动速度。

根据式(2.2)可以看出，$F_{T_d}(t)$ 不能积分。为了方便下面的建模，考虑将上面的表达式进行简化。根据式(2.2)有

$$F_{T_d}(t) = \frac{1}{2} - \frac{r^2 - V^2 t^2}{2rVt} \ln\left( \sqrt{\frac{\frac{r}{V} + t}{|\frac{r}{V} - t|}} \right) \tag{2.3}$$

如果 $t \ll \dfrac{r}{V}$，可得

$$
\begin{aligned}
F_{T_d}(t) &= \frac{1}{2} - \frac{r^2 - V^2 t^2}{2rVt} \ln\left( \sqrt{\frac{\frac{r}{V} + t}{|\frac{r}{V} - t|}} \right) \\
&\approx \frac{1}{2} - \frac{r^2 - V^2 t^2}{2rVt} \ln\left( \sqrt{[\frac{r}{V} + t]^2} \right) \\
&= \frac{1}{2} - \frac{r^2 - V^2 t^2}{2rVt} \ln\left( \frac{r}{V} + t \right) \\
&\approx \frac{1}{2} - \frac{r^2 - V^2 t^2}{2rVt} \frac{Vt}{r} \\
&= \frac{V^2 t^2}{2r^2}
\end{aligned}
\tag{2.4}
$$

如果 $t \gg \dfrac{r}{V}$，可得

$$
\begin{aligned}
F_{T_d}(t) &= \frac{1}{2} - \frac{r^2 - V^2 t^2}{2rVt} \ln\left( \sqrt{\frac{t + \frac{r}{V}}{t - \frac{r}{V}}} \right) \\
&\approx \frac{1}{2} - \frac{r^2 - V^2 t^2}{2rVt} \ln\left( \sqrt{[\frac{r}{V} + t]^2} \right) \\
&= \frac{1}{2} - \frac{r^2 - V^2 t^2}{2rVt} \ln\left( \frac{r}{V} + t \right) \\
&\approx \frac{1}{2} - \frac{r^2 - V^2 t^2}{2rVt} \frac{r}{Vt} \\
&= 1 - \frac{r^2}{2V^2 t^2}
\end{aligned}
\tag{2.5}
$$

因此，式(2.2)的近似值可以表示为

$$F_{T_d}(t) = \begin{cases} \dfrac{V^2 t^2}{2r^2} , & t \leqslant \dfrac{r}{V} \\ 1 - \dfrac{r^2}{2V^2 t^2} , & t > \dfrac{r}{V} \end{cases} \tag{2.6}$$

图 2.2 给出了在不同场景下 $F_{T_d}(t)$ 的近似值(approximate value，App)和精确值(precise value，Pre)的比较。从图中可以看出，随着接触时长 $T_d$ 的增加，$F_{T_d}(t)$ 的近似值和精确值非常接近，特别是当 $r = 6m$，$V = 6m/s$ 时。因此，在下面的建模中，会直接用 $F_{T_d}(t)$ 的简化表达式来代替 $F_{T_d}(t)$ 的精确表达式去计算单点探测概率。

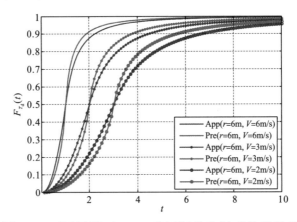

图 2.2　不同场景下 $F_{T_d}(t)$ 的近似值和精确值的比较

将式(2.6)代入式(2.1)中，可以得到单点探测概率 $F_{T_d}(t)$ 的表达式为

$$P_{sd}(T) = \begin{cases} 1 - \dfrac{T^2 V^2}{6r^2} , & T \leqslant \dfrac{r}{V} \\ \dfrac{4r}{3TV} - \dfrac{r^2}{2T^2 V^2} , & T > \dfrac{r}{V} \end{cases} \tag{2.7}$$

图 2.3 给出了在不同场景下单点探测概率 $P_{sd}(T)$ 和探测间隔 $T$ 之间的关系。图 2.3(a) 给出了当节点的速度变化时，单点探测概率 $P_{sd}(T)$ 和探测间隔 $T$ 之间的关系；图 2.3(b) 给出了当节点的通信范围变化时，单点探测概率 $P_{sd}(T)$ 和探测间隔 $T$ 之间的关系。从图中可以看出，在不同场景下的单点探测概率 $P_{sd}(T)$ 随着探测间隔 $T$ 的减小而增加。这

个结果是明显的，因为 $T$ 越小，网络中的节点就会越频繁地去探测周围的环境，从而导致单点探测概率 $P_{sd}(T)$ 的增加。值得注意的是，当 $T$ 为 0 时，单点探测概率 $P_{sd}(T)$ 达到最大值 1；同时当 $T$ 为无穷大时，单点探测概率 $P_{sd}(T)$ 达到最小值 0。从图中也可以看出，单点探测概率 $P_{sd}(T)$ 随着速度 $V$ 的增加而减小，同时随着通信范围 $r$ 的增加而增大。造成这个结果的主要原因是接触时长 $T_d$ 随着通信范围 $r$ 的增加而增大，但是随着速度 $V$ 的增加而减小，同时单点探测概率 $P_{sd}(T)$ 会随着接触时长 $T_d$ 的增加而增大。

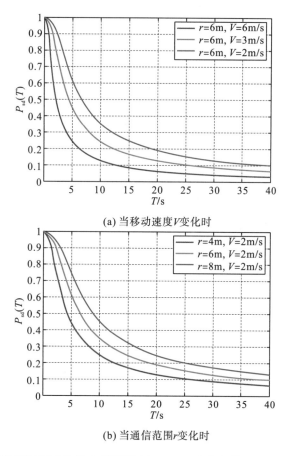

(a) 当移动速度$V$变化时

(b) 当通信范围$r$变化时

图 2.3　不同场景下的单点探测概率 $P_{sd}(T)$ 和探测间隔 $T$ 之间的关系

### 2.3.2  双点探测概率

上面的部分给出了单点探测概率的表达式，也就是一次节点 $A$ 和节点 $B$ 之间的接触能够被节点 $A$ 检测到的概率。在这种情况下，节点 $B$ 是不能意识到节点 $A$ 的存在的(一个从 $A$ 到 $B$ 的单向链路)，因为节点 $A$ 没有被节点 $B$ 探测到。因此，节点 $B$ 不能利用和节点 $A$ 相应的接触。一种可行的解决方法是网络中的每个节点都周期性地发送一个信标包(beacon packet)给周围的邻居节点。一旦节点 $A$ 接收到一个信标包，其包括发送节点和节点 $B$ 的 ID，同时这个发送节点是节点 $B$ 的中继节点，那么节点 $A$ 就能意识到节点 $B$ 是它的隐身邻居节点。也就是节点 $A$ 通过一个第三方的中间节点意识到了节点 $B$ 的存在(这里假设第三方的中间节点是存在的)，更多的细节可以参考文献[133]。此时，除了节点 $A$ 探测到和节点 $B$ 的接触，节点 $B$ 也可以发现和节点 $A$ 的接触，也就是双点接触探测过程。图 2.4 给出了一个关于双点探测过程的例子，每个节点都以恒定的间隔 $T$ 去探测；同时设定节点 $A$ 在时间点 $T, 2T, \cdots, nT$ 探测，节点 $B$ 在时间点 $y, y+T, \cdots, y+(n-1)T$ 探测。从图中可以看出，接触 2 和接触 3 被节点 $A$ 探测到，接触 1 则被节点 $B$ 探测到。如果网络中的每个节点都周期性地发送一个信标包给周围的邻居节点，那么接触 1 也能通过一个第三方节点被节点 $A$ 发现。因此，这个部分研究双点探测过程，也就是两个节点 $A$ 和 $B$ 之间的接触能够被其中任意一个节点探测到的概率。考虑节点 $A$ 和 $B$ 以恒定的间隔 $T$ 独立地和周期性地探测周围的环境。然后，可以得出两个节点的接触可以被其中任意一个节点探测到的概率为

$$
\begin{aligned}
P_{\mathrm{dd}}(T, y) &= \frac{1}{T}\left[\int_0^y \Pr\{T_{\mathrm{d}}+t \geqslant y\}\,\mathrm{d}t + \int_y^T \Pr\{T_{\mathrm{d}}+t \geqslant T\}\,\mathrm{d}t\right] \\
&= \frac{1}{T}\left[T - \int_0^y F_{T_{\mathrm{d}}}(t)\,\mathrm{d}t - \int_0^{T-y} F_{T_{\mathrm{d}}}(t)\,\mathrm{d}t\right]
\end{aligned}
\tag{2.8}
$$

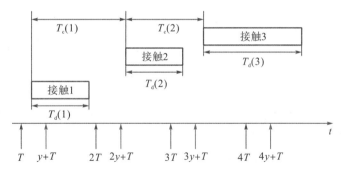

图 2.4　两个节点之间的双点接触探测过程示例

因为两个节点的探测是独立的，所以 $y$ 就均匀地分布在$[0,T]$的范围内。然后，就可以得到双点探测概率 $P_{dd}(T)$ 的表达式为

$$P_{dd}(T) = \frac{1}{T^2}\int_0^T \left[ \int_0^y \Pr\{T_d + t \geq y\}\,dt + \int_y^T \Pr\{T_d + t \geq T\}\,dt \right] dy$$

$$= \frac{1}{T^2}\int_0^T \left[ T - \int_0^y F_{T_d}(t)\,dt - \int_0^{T-y} F_{T_d}(t)\,dt \right] dy$$

$$= \frac{1}{T^2}\int_0^T \left[ T - 2\int_0^y F_{T_d}(t)\,dt \right] dy \tag{2.9}$$

将式(2.6)代入式(2.9)中，可以得到双点探测概率 $P_{dd}(T)$ 的表达式为

$$P_{dd}(T) = 1 - \frac{2}{T^2}\int_0^T \left[ \int_0^y F_{T_d}(t)\,dt \right] dy$$

$$= \begin{cases} 1 - \dfrac{2}{T^2}\left( \displaystyle\int_0^T \dfrac{V^2 y^3}{6r^2}\,dy \right) & ,\ T \leq \dfrac{r}{v} \\[4ex] 1 - \dfrac{2}{T^2}\left( \displaystyle\int_0^{\frac{r}{v}} \dfrac{V^2 y^3}{6r^2}\,dy + \int_{\frac{r}{v}}^T y + \dfrac{r^2}{2V^2 y} - \dfrac{4r}{3V}\,dy \right) & ,\ T > \dfrac{r}{v} \end{cases}$$

$$= \begin{cases} 1 - \dfrac{V^2 T^2}{12r^2} & ,\ T \leq \dfrac{r}{v} \\[3ex] \dfrac{8r}{3VT} - \left( 7 + 4\ln\dfrac{TV}{r} \right)\dfrac{r^2}{4V^2 T^2} & ,\ T > \dfrac{r}{v} \end{cases} \tag{2.10}$$

　　图 2.5 给出了在不同场景下单点探测概率和双点探测概率之间的比较。图 2.5(a) 给出了当节点的移动速度 $V$ 变化时，单点探测概率和双点探测概率之间的比较；图 2.5(b) 给出了当通信范围 $r$ 变化时，单点探测概率和双点探测概率之间的比较。从图中可以看出，和图 2.3 的结果类似，双点探测概率 $P_{dd}(T)$ 也是随着探测间隔 $T$ 或者移动速度 $V$ 的增加而减小，随着通信范围 $r$ 的增加而增加。从图中也可以看出，在不同场景下的双点探测概率 $P_{dd}(T)$ 都比单点探测概率 $P_{sd}(T)$ 大。这个结果是合理的，因为在双点接触探测过程中，如果两个正在接触的节点之中的任意一个节点探测周围的环境，并且将探测的信息通过第三方节点发送给对方，那么这次接触就都能被两个节点发现。相反，在单点接触探测过程中，如果一个节点错失了和另外一个节点的接触，那么这个节点就错失了这次接触。因此，在不同场景下的双点探测概率 $P_{dd}(T)$ 都比单点探测概率 $P_{sd}(T)$ 大。

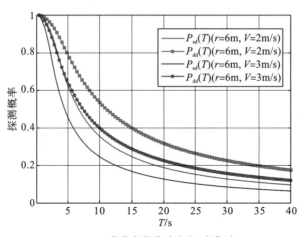

(a) 当节点的移动速度 $V$ 变化时

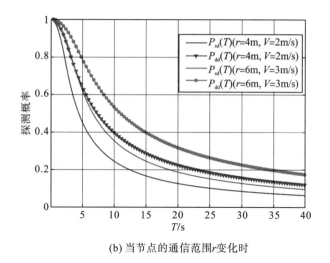

(b) 当节点的通信范围 $r$ 变化时

图 2.5　不同场景下单点探测概率 $P_{sd}(T)$ 和双点探测概率 $P_{dd}(T)$ 之间的比较

## 2.4　最优接触探测策略

上面的部分仅给出了当节点的探测间隔为恒定值时的单点探测概率和双点探测概率。事实上，在随机路点模型中，在所有平均接触探测间隔相同并且节点接触过程未知的策略中，采用恒定探测间隔的策略是最优的。

**定理 2.2**　考虑一个总共有 $N$ 个节点在网络中的环境，并且节点的接触时长是独立同分布的；再者，网络中的节点对有相同的接触时间间隔分布，且平均接触时间间隔为 $1/\lambda$；然后，在所有平均接触探测间隔相同并且节点接触过程未知的策略中，采用恒定探测间隔的策略是最优的。

**证明**　不失一般性，考虑网络中的节点要在一段很长的时间 $L$ 内探测周围的环境，并且采用不同策略的节点在这段时间内总共探测 $n$ 次。根据前面的介绍，对于采用恒定的探测间隔 $T = L/n$ 的策略，在时间 $L$ 内的单点探测概率为 $P_{sd}(T) = 1 - \dfrac{1}{T}\int_0^T F_{T_d}(t)\,\mathrm{d}t$。假设某一个特定的策略在时间点 $t_1, t_2, \cdots, t_n$ 总共探测 $n$ 次，并且 $t_1 < t_2 < \cdots < t_n$ 和 $t_n - t_1 \leqslant L$。设定 $t_0 = 0$，然后就可以得到 $n$ 个接触探测间隔：$C_1 = t_1 - t_0$，$C_2 = t_2 - t_1$，$\cdots$，

$C_n = t_n - t_{n-1}$。因为节点是随机地选择时间点 $t_k$ 去探测，并且网络中的节点对有相同的接触时间间隔分布，其平均接触时间间隔为 $1/\lambda$，因此在第 $k$ 个时间间隔 $C_k = t_k - t_{k-1}$ 内被某个节点探测到的期望的有效接触可以表示为

$$\lambda(N-1)C_k\left(1 - \frac{1}{C_k}\int_0^{C_k} F_{T_d}(t)\,\mathrm{d}t\right) = \lambda(N-1)\left(C_k - \int_0^{C_k} F_{T_d}(t)\,\mathrm{d}t\right)$$

其中，$N$ 为网络中总共的节点数。然后，在时间 $L$ 内期望的单点探测概率可以表示为

$$\bar{P}_{sd} = \frac{1}{\lambda(N-1)L}\left[\sum_{k=1}^{n}\lambda(N-1)\left(C_k - \int_0^{C_k} F_{T_d}(t)\,\mathrm{d}t\right)\right]$$

$$= \frac{1}{L}\left[\sum_{k=1}^{n}\left(C_k - \int_0^{C_k} F_{T_d}(t)\,\mathrm{d}t\right)\right] \tag{2.11}$$

当 $C_k \geq T$ 时，可以得到

$$-\int_0^{C_k} F_{T_d}(t)\,\mathrm{d}t = -\left[\int_0^T F_{T_d}(t)\,\mathrm{d}t + \int_T^{C_k} F_{T_d}(T)\,\mathrm{d}t\right]$$

$$\leq -\int_0^T F_{T_d}(t)\,\mathrm{d}t - \int_T^{C_k} F_{T_d}(T)\,\mathrm{d}t$$

$$= -\int_0^T F_{T_d}(t)\,\mathrm{d}t - (C_k - T)F_{T_d}(T) \tag{2.12}$$

当 $C_k < T$ 时，可以得到

$$-\int_0^{C_k} F_{T_d}(t)\,\mathrm{d}t = -\left[\int_0^T F_{T_d}(t)\,\mathrm{d}t - \int_{C_k}^T F_{T_d}(T)\,\mathrm{d}t\right]$$

$$\leq -\int_0^T F_{T_d}(t)\,\mathrm{d}t + \int_{C_k}^T F_{T_d}(T)\,\mathrm{d}t$$

$$= -\int_0^T F_{T_d}(t)\,\mathrm{d}t + (T - C_k)F_{T_d}(T) \tag{2.13}$$

将式 (2.12) 和式 (2.13) 代入式 (2.11) 中，可得

$$\bar{P}_{\mathrm{sd}} = \frac{1}{L}\sum_{k=1}^{n}\left[C_k - \int_0^{C_k} F_{T_\mathrm{d}}(t)\,\mathrm{d}t\right]$$

$$\leqslant \frac{1}{L}\sum_{k=1}^{n}\left[C_k - \int_0^{T} F_{T_\mathrm{d}}(t)\,\mathrm{d}t + (T-C_k)F_{T_\mathrm{d}}(T)\right]$$

$$= \frac{1}{L}\sum_{k=1}^{n}\left[C_k - n\int_0^{T} F_{T_\mathrm{d}}(t)\,\mathrm{d}t + \left(nT-\sum_{k=1}^{n}C_k\right)F_{T_\mathrm{d}}(T)\right]$$

$$\leqslant \frac{1}{L}\sum_{k=1}^{n}\left[C_k - n\int_0^{T} F_{T_\mathrm{d}}(t)\,\mathrm{d}t + nT - \sum_{k=1}^{n}C_k\right]$$

$$= \frac{1}{nT}\left[nT - n\int_0^{T} F_{T_\mathrm{d}}(t)\,\mathrm{d}t\right]$$

$$= P_{\mathrm{sd}}(T) \tag{2.14}$$

随机路点模型中接触时长的分布是独立同分布的，并且随机路点模型中节点对有相同的接触时间间隔分布，其分布可以近似为具有相同接触率的指数分布[131,134,135]。因此，根据定理 2.2，可以得出在随机路点模型中，在所有平均接触探测间隔相同并且节点接触过程无法预知的策略中，采用恒定探测间隔的策略是最优的。

## 2.5　模　型　验　证

本节利用 MATLAB 实现仿真实验，验证所提出理论模型的正确性。实验采用一个有 10 个节点分布在面积为 500 m×500 m 的场景。场景中的节点根据随机路点模型移动，并且它们有相同的通信范围 $r$。根据上面的假设，考虑网络中所有的节点都有相同的移动速度 $V$，并且移动过程中的暂停时间为 0。

因为假设网络中所有的节点都有相同的移动速度 $V$ 是很不现实的，所以也做了一些仿真实验去测试所提出的理论模型是否可以适用于更加一般的场景。在这个场景中，考虑网络中节点的速度均匀地分布在 $[V-C, V+C]$ 范围内，其中 $C$ 是一个可以改变的常数。从这里可以得出，网络中节点的平均移动速度为 $V$，这样就可以得到当网络中节点的平均移动速度为 $V$ 时所提出的理论模型的理论结果。通过改变常数 $C$，可以测试在此场景中得出的仿真结果和提出的理论模型的理论结果是否接近。

图 2.6 给出了不同场景下 $F_{T_d}(t)$ 的仿真结果和理论结果的比较。从图中可以看出，随着探测间隔 $T$ 的增加，在不同场景下 $F_{T_d}(t)$ 的仿真结果和理论结果都非常接近。从图中也可以看出，随着探测间隔 $T$ 的增加，当 $r = 6$m，$V = 2$m/s、$3$m/s、$6$m/s 时，$F_{T_d}(t)$ 的仿真结果更加接近于 $F_{T_d}(t)$ 的近似值，除了当 $r = 6$m，$V = 2$m/s 及 $t < r/V$ 的情况。因此，本章会简单地用式(2.6)代替式(2.2)来直接计算单点探测概率和双点探测概率。

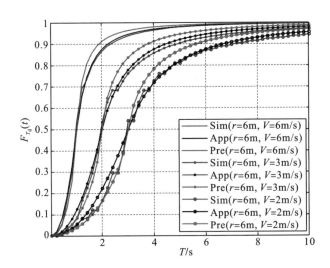

图 2.6　不同场景下 $F_{T_d}(t)$ 的仿真结果和理论结果的比较

图 2.7 给出了不同场景下单点探测概率 $P_{sd}(T)$ 的仿真结果和理论结果的比较。图 2.7(a)显示了当节点的移动速度变化时，单点探测概率 $P_{sd}(T)$ 的仿真结果和理论结果的比较，图 2.7(b)显示了当节点的通信范围变化时，单点探测概率 $P_{sd}(T)$ 的仿真结果和理论结果的比较。从图中可以看出，随着探测间隔 $T$ 的增加，当节点的移动速度变化和节点的通信范围变化时，单点探测概率 $P_{sd}(T)$ 的仿真结果和理论结果都非常接近。

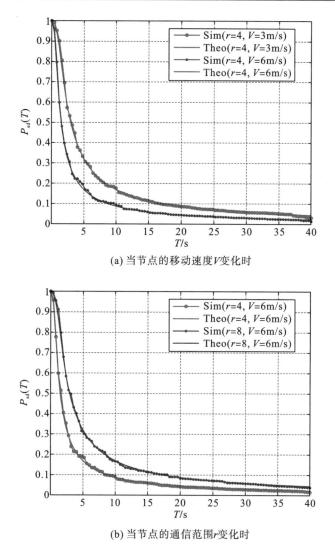

(a) 当节点的移动速度 $V$ 变化时

(b) 当节点的通信范围 $r$ 变化时

图 2.7　不同场景下单点探测概率 $P_{sd}(T)$ 的仿真结果和理论结果的比较

## 2.6　能量效率和有效接触总数之间的折衷

　　这一部分介绍单点接触探测过程和双点接触探测过程中能量效率和有效接触总数之间的折衷，其中有效接触总数表示某一个节点在某一段时间内探测到的有效接触的次数。对于某一个节点，例如节点 $A$，需要在一段时间 $L$ 内探测其周围的环境（如节点 $A$ 要持续探测其周围的环境 5h)。然后，就要考虑如何设置探测间隔 $T$，从而使得接触探测过程的能量更加有效。

根据文献[134]和文献[135]所述，当网络中节点的暂停时间为 0 时，在随机路点模型中的节点对有相同的接触时间间隔分布，而且其累计分布函数近似地服从接触率为 $\lambda = \dfrac{2rV_{\text{rwp}}V}{S}$ 的指数分布，其中 $V_{\text{rwp}}$ ≈ 1.754 为随机路点模型中标准化的相对速度；$V$ 为节点的移动速度；$r$ 为节点的通信范围；$S$ 为这个场景的面积。然后，我们可以得到在单点接触探测过程和双点接触探测过程中某一个节点(如节点 $A$)探测到的和另一个邻居节点(如节点 $B$)在某一段时间 $L$ 内的有效接触数为

$$N_{\text{eff}} = \lambda LP_{\text{sd}}(T) \tag{2.15}$$

和

$$N'_{\text{eff}} = \lambda LP_{\text{dd}}(T) \tag{2.16}$$

其中，$\lambda = \dfrac{2rV_{\text{rwp}}V}{S}$ 为节点 $A$ 与节点 $B$ 的接触率；$P_{\text{sd}}(T)$ 为单点探测概率；$P_{\text{dd}}(T)$ 为双点探测概率。

因为网络中总共有 $N$ 个节点，而且每个节点对都有相同的接触时间间隔分布，所以在单点接触探测过程和双点接触探测过程中被节点 $A$ 在一段时间 $L$ 内探测到的有效接触数为

$$N_{\text{eff}} = \lambda(N-1)LP_{\text{sd}}(T) \tag{2.17}$$

和

$$N'_{\text{eff}} = \lambda(N-1)LP_{\text{dd}}(T) \tag{2.18}$$

将式(2.7)代入式(2.17)，然后再将式(2.10)代入式(2.18)中，就可以得到在单点接触探测过程和双点接触探测过程中的有效接触总数为

$$N_{\text{eff}} = \begin{cases} \left(1 - \dfrac{T^2V^2}{6r^2}\right)\dfrac{2r(N-1)V_{\text{rwp}}VL}{S} & , \ T \leqslant \dfrac{r}{V} \\[4mm] \left(\dfrac{4r}{3T} - \dfrac{r^2}{2T^2V}\right)\dfrac{2r(N-1)V_{\text{rwp}}L}{S} & , \ T > \dfrac{r}{V} \end{cases} \tag{2.19}$$

和

$$N'_{\mathrm{eff}} = \begin{cases} \left(1 - \dfrac{T^2 V^2}{12 r^2}\right) \dfrac{2r(N-1)V_{\mathrm{rwp}} V L}{S} & , \ T \leqslant \dfrac{r}{V} \\[4mm] \left[\dfrac{8r}{3T} - \left(7 + 4\ln\dfrac{TV}{r}\right)\dfrac{r^2}{4T^2 V}\right]\dfrac{2r(N-1)V_{\mathrm{rwp}} L}{S} & , \ T > \dfrac{r}{V} \end{cases} \qquad (2.20)$$

其中，$r$ 为节点的通信范围；$V$ 为节点的移动速度；$T$ 为接触探测间隔。

本章只考虑在接触探测过程中的能量消耗，并未考虑数据传输过程中的能量消耗。这里定义能量消耗为 $E = \dfrac{1}{T}$，代表网络中节点的探测率。如果网络中节点的探测率很大，那么在接触探测过程中节点会消耗很多的能量。然后，式(2.19)和式(2.20)可以变化为

$$N_{\mathrm{eff}} = \begin{cases} \left(1 - \dfrac{V^2}{6 r^2 E^2}\right) \dfrac{2r(N-1)V_{\mathrm{rwp}} V L}{S} & , \ T \leqslant \dfrac{r}{V} \\[4mm] \left(\dfrac{4rE}{3} - \dfrac{r^2 E^2}{2V}\right)\dfrac{2r(N-1)V_{\mathrm{rwp}} L}{S} & , \ T > \dfrac{r}{V} \end{cases} \qquad (2.21)$$

和

$$N'_{\mathrm{eff}} = \begin{cases} \left(1 - \dfrac{V^2}{12 r^2 E^2}\right) \dfrac{2r(N-1)V_{\mathrm{rwp}} V L}{S} & , \ T \leqslant \dfrac{r}{V} \\[4mm] \left[\dfrac{8rE}{3} - \left(7 + 4\ln\dfrac{V}{rE}\right)\dfrac{r^2 E^2}{4V}\right]\dfrac{2r(N-1)V_{\mathrm{rwp}} L}{S} & , \ T > \dfrac{r}{V} \end{cases} \qquad (2.22)$$

根据式(2.21)和式(2.22)，当能量消耗 $E$ 趋近于无穷大时，可以得到单点接触探测过程和双点接触探测过程中的有效接触总数为：$N_{\mathrm{eff}} = N'_{\mathrm{eff}} = \dfrac{2r(N-1)V_{\mathrm{rwp}} V L}{S}$，也就是 $N_{\mathrm{eff}}$ 和 $N'_{\mathrm{eff}}$ 的极大值。当能量消耗 $E = 0$ 时，可以得到 $N_{\mathrm{eff}} = N'_{\mathrm{eff}} = 0$，也就是 $N_{\mathrm{eff}}$ 和 $N'_{\mathrm{eff}}$ 的极小值。为了方便计算，设定 $N = 2$，$L = 25000\mathrm{s}$ 和 $S = 500\ \mathrm{m} \times 500\ \mathrm{m}$。因此，$N_{\mathrm{eff}}$ 和 $N'_{\mathrm{eff}}$ 会变化为 $2r V_{\mathrm{rwp}} V$。

图 2.8 给出了不同场景下单点接触探测过程和双点接触探测过程中能量效率和有效接触总数之间的折衷。图 2.8(a) 给出了当网络中节点的移动速度 $V$ 变化时，单点接触探测过程和双点接触探测过程中能量效率和有效接触总数之间的折衷，而图 2.8(b) 则给出了当网络中节

点的通信范围 $r$ 变化时，单点接触探测过程和双点接触探测过程中能量效率和有效接触总数之间的折衷。从图中可以看出，单点接触探测过程和双点接触探测过程中的有效接触总数随着能量消耗的增加而增加。这个结果是合理的，因为更多的能量消耗意味着更加频繁的接触探测，从而使有效接触总数增加。但是，当能量消耗达到一定值时，单点接触探测过程中的有效接触总数 $N_{\text{eff}}$ 和双点接触探测过程中有效接触总数 $N'_{\text{eff}}$ 的增加率会相应地减小。例如，当 $r = 6\text{m}$、$V = 2\text{m/s}$ 时，$N_{\text{eff}}$ 在能量消耗为 0.7 时就将近达到最大值；当 $r = 6\text{m}$、$V = 6\text{m/s}$ 时，$N_{\text{eff}}$ 在相应的能量消耗为 2 时将近达到最大值，这些点就是单点接触探测过程中能量效率和有效接触总数之间的"好的折衷点"。当网络中节点的移动速度 $V$ 变化且网络中节点的通信范围 $r$ 变化时，$N'_{\text{eff}}$ 达到极大值的速度要比 $N_{\text{eff}}$ 更加快。当 $r = 6\text{m}$、$V = 6\text{m/s}$ 时，$N'_{\text{eff}}$ 在能量消耗为 0.4 时就已经将近达到极大值；当 $r = 6\text{m}$、$V = 6\text{m/s}$ 时，$N'_{\text{eff}}$ 在相应的能量消耗为 1.5 时将近达到极大值，这些点就是双点接触探测过程中能量效率和有效接触总数之间的"好的折衷点"。值得注意的是，单点接触探测过程和双点接触探测过程中，"好的折衷点"会随着网络中节点的移动速度 $V$ 的变化而显著变化，但是当网络中节点的通信范围 $r$ 变化时，对单点接触探测过程和双点接触探测过程中好的折衷点却没有多大的影响。节点的移动速度越小，$N_{\text{eff}}$ 和 $N'_{\text{eff}}$ 达到极大值就越快。如图 2.8(a) 所示，当 $V = 2\text{m/s}$、$3\text{m/s}$、$6\text{m/s}$ 时，单点接触探测过程和双点接触探测过程中的有效接触总数将近达到极大值的能量消耗完全不同。因此，在单点接触探测过程和双点接触探测过程中，能量效率和有效接触总数之间好的折衷点会随着节点的移动速度 $V$ 的变化而显著变化。当网络中节点的通信范围 $r$ 变化时，如图 2.8(b) 所示，因为 $N_{\text{eff}}$ 在 $r = 4\text{m}$、$6\text{m}$、$8\text{m}$ 时几乎在相同的点达到极大值，而且 $N'_{\text{eff}}$ 在 $r = 4\text{m}$、$6\text{m}$、$8\text{m}$ 时，也几乎在相同的点达到极大值，因此网络中节点的通信范围 $r$ 的变化对单点接触探测过程和双点接触探测过程中好的折衷点没有多大的影响。

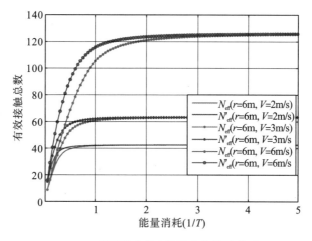

(a) 当网络中节点的移动速度 $V$ 变化时

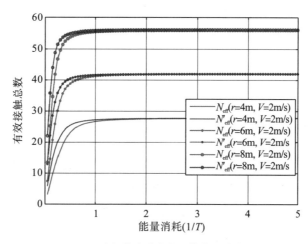

(b) 当网络中节点的通信范围 $r$ 变化时

图 2.8　不同场景下单点接触探测过程和双点接触探测过程中能量效率和有效
接触总数之间的折衷

　　和图 2.3(b) 中的结果类似，单点接触探测过程和双点接触探测过程中的有效接触总数也是随着节点的通信范围 $r$ 的增加而增加。其主要原因是单点探测概率 $P_{sd}(T)$ 和双点探测概率 $P_{dd}(T)$ 会随着节点的通信范围 $r$ 的增加而增大，从而导致不同场景下有效接触总数的增加。和图 2.3(a) 中的结果不同，在单点接触探测过程和双点接触探测过程中的有效接触总数却随着网络中节点的移动速度 $V$ 的增加而增加。其主要原因是虽然单点探测概率 $P_{sd}(T)$ 和双点探测概率 $P_{dd}(T)$ 随着网络中节点的移动速度 $V$ 的增加而减小，但是节点的接触率 $\lambda$ 却随着节点的移动速度 $V$ 的增加而增加，而且节点的接触率 $\lambda$ 的增加率更快，从而导致不同场景下的有效接触总数增加。

综上所述，本节分别得到了单点接触探测过程和双点接触探测过程中的有效接触总数的表达式，并且分析了不同场景下能量效率和有效接触总数之间的折衷。结果表明单点接触探测过程和双点接触探测过程中的有效接触总数都有一个极大值和极小值，并且单点接触探测过程和双点接触探测过程的好的折衷点会随着网络中节点移动速度的变化而显著变化。结果同时也表明单点探测概率和双点探测概率会随着网络中节点的减小而增大，但是单点接触探测过程和双点接触探测过程中的有效接触总数却随着网络中节点的增加而增大；再者，不同场景下的双点接触探测过程中的有效接触总数达到极大值的速度要比单点接触探测过程中的有效接触总数达到极大值的速度更快。

## 2.7　本章小结

本章研究了机会移动网络中基于随机路点模型的接触探测过程的建模问题。在给定随机路点模型中接触时长分布的情况下，从理论上分别得到了单点探测概率和双点探测概率的表达式，也证明了在所有平均探测间隔相同且不能提前知道节点接触过程的策略中，采用恒定探测间隔的策略是最优的。然后，通过仿真实验验证了提出模型的正确性。实验结果表明在不同场景下的仿真结果和理论结果都非常接近，从而证明了所提出模型的正确性；再者，实验结果也表明提出的模型可以应用到更加一般的场景。最后，基于所提出理论模型的基础上，分析了在不同场景下能量效率和有效接触总数之间的折衷。结果表明单点接触探测过程和双点接触探测过程中的"好的折衷点"会随着网络中节点的移动速度的变化而显著变化。此外，单点探测概率和双点探测概率会随着网络中节点移动速度的增加而减小，但是单点接触探测过程和双点接触探测过程中的有效接触总数却随着网络中节点的移动速度的增加而增加。

# 第3章 占空比机会移动网络中能量有效的自适应工作机制

在机会移动网络中，大部分的能量消耗在空闲监听中，而不是在有效的数据交换中。因为机会移动网络中的节点多数都是由电池驱动的，所以能量节省对于机会移动网络来说是一个具有挑战性同时也是一个基本的问题。异步占空比操作对于机会移动网络来说是一个有效节省能量的方法，但是如果没有合理地设计其工作机制，就会造成网络性能的极大降低。因此，需要研究在保证网络性能的前提下，如何设计有效的占空比操作的工作机制。本章首先分析了占空比机会移动网络中节点间的接触过程，然后基于"预期的接触值"这一概念，为占空比机会移动网络中的邻居发现过程设计了一种自适应的工作机制。其提出的自适应工作机制是使用节点间过去的接触历史记录去预测节点间未来的接触信息，从而在每个周期内自适应地配置网络中每个节点。最后，通过大量基于真实数据集的仿真实验，评估本章提出的自适应工作机制的性能。实验结果表明，本章提出的自适应工作机制在有效的接触数、递送率(delivery ratio)和递送延时方面的表现均优于随机工作机制和周期性工作机制。

## 3.1 引　　言

为了实现节点之间的数据传输，机会移动网络中的节点必须保持监听模式以发现在其周围的邻居节点。在机会移动网络中，由于节点很稀疏，节点之间的接触时间间隔(inter-contact time)要远大于节点间的接触时长(contact duration)，因此如果网络中的节点时刻保持监听状态，那么节点的大部分能量都将消耗在节点之间没有接触时的监听模式中。文献[136]~文献[138]中的实验结果表明，节点处于监听模式时消耗的能量几乎和节点处于发送模式时消耗的能量相同。文献[68]中的实验结果表明，网络中节点超过 95%的能量消耗在空闲监听过程中。以上的结果说明，在尽可能地节省能量的情况下提高能量的有效利用率，对于由一些能量有限的便携设备组成的机会移动网络来说是很重要的问题。

众所周知，占空比操作是一个有效节省能量的方法，它允许网络中的节点交替地在唤醒状态和休眠状态之间切换。占空比操作可以分为两大类：同步和异步[139,140]。因为同步的占空比操作需要全局的时间同步，而实现全局的时间同步会带来很大的通信开销，所以异步的占空比操作在机会移动网络中更受欢迎。虽然利用占空比操作可以极大地降低网络中节点的能量消耗，但是使用占空比操作也带来网络性能的极大降低。造成这个结果的主要原因是当网络中的节点切换到休眠状态去节省能量时，它们会错失和其他节点的接触，从而错失数据传输的机会。因此，在机会移动网络中研究占空比操作对网络性能的影响是一个很重要的问题。

目前，机会移动网络中的很多研究工作[69,129,141]都旨在研究当异步占空比操作下的工作机制是随机选择时，占空比操作对网络性能的影响。本章认为在异步占空比操作下工作机制的设计对于占空比机会移动网络的性能有很大的影响。例如，当网络中的节点切换到休眠状态时，节点间会错失很多的接触。因此，本章旨在分析占空比操作对机会移动网络性能的影响，并且为占空比机会移动网络设计一种能量有效的工作机制。这种工作机制不仅可以极大降低节点的能量消耗，而且可以尽可能最小化地降低网络性能。

本章工作的创新点和主要贡献如下。

(1)在分析占空比机会移动网络中节点间接触过程的基础上，将占空比机会移动网络中的接触分为两类：有效的接触和错失的接触。

(2)基于"预期的接触值"这一概念，为占空比机会移动网络设计了一种自适应的工作机制。其提出的工作机制是利用占空比机会移动网络中节点间过去的接触历史记录预测节点间未来的接触信息，从而在每个周期内自适应地安排节点的唤醒和休眠状态。

(3)通过大量基于真实数据集的仿真实验来评估所提出方法的性

能。实验结果表明相比随机工作机制和周期性工作机制，本章提出的
方法在有效的接触数、递送率和递送延时方面表现得更好。

本章组织安排如下：3.2 节和 3.3 节描述了网络模型和本章的研究
动机；3.4 节介绍了为占空比机会移动网络提出的自适应工作机制；3.5
节通过大量基于真实数据集的仿真实验评估了所提出的自适应工作机
制的性能；3.6 节介绍了本章小结。

## 3.2　网络模型

和文献[142]中的网络模型类似，网络中的节点都有两个状态：休
眠状态和唤醒状态，并且根据其工作机制在两个状态之间进行切换。
处于唤醒状态的节点可以和网络中的其他节点交换数据，周期性地发
送信标去发现和其他节点的接触，或者监听无线信道去发现从其他节
点发送来的信标信息。在休眠状态的节点会关掉它们的无线接口以节
省能量，因此它们不能和其他节点进行通信。

考虑一个任意给定时间内总共有 $N$ 个节点的动态环境，其中
$N = \{i = 1, 2, \cdots, N\}$，并且每个节点 $i \in N$ 都周期性地运行一个自己选定
的由一个元组表示的工作机制，$s_i = <\omega_i, T_i, \Delta t>$，其中 $\omega_i$ 为节点 $i$ 的
位图，每一位代表休眠状态或者唤醒状态；$T_i$ 为周期的时长；$\Delta t$ 为在
$\omega_i$ 中的每一位的时长。为简化起见，假设网络中的所有节点都有相同
的周期时长 $T_i, \forall i \in N$。因此，本章直接用 $T$ 代表周期的时长。假设网
络中的所有节点都有相同的占空比 $D = n_{\text{w}}/n_{\text{p}}$，其中 $n_{\text{w}}$ 为每个周期 $T$
内唤醒的时隙数；$n_{\text{p}}$ 为每个周期 $T$ 内总共的时隙数。

图 3.1 给出了本章考虑的占空比机会移动网络中两个节点之间的
接触，其中蓝色的时隙代表唤醒状态，其他的时隙代表休眠状态。节
点 $i, j \in N$ 在时间 $T_0 \sim T + T_0$ 的工作机制分别为 $s_i = <110000, 180s, 30s>$
和 $s_j = <101000, 180s, 30s>$，因此可以得到 $T = 180s$、$\Delta t = 30s$ 和 $D$
$= 33.3\%$。对节点 $i$ 来说，它在这个周期里的前两个时隙内处于唤醒状
态，在后面的四个时隙内则处于休眠状态。值得注意的是，当节点处
于唤醒状态时，它们可以监听到邻居节点发送过来的信标包，然后它
们会回复一些信息，包括节点的身份、服务可靠性等。基于以上的信

息，节点可以记录和其邻居节点的接触历史记录。

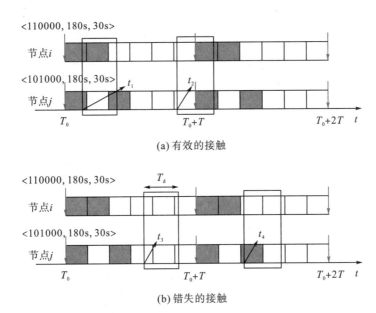

(a) 有效的接触

(b) 错失的接触

图 3.1   占空比机会移动网络中两个节点之间的接触

## 3.3   研 究 动 机

在机会移动网络中，当节点间处于接触状态时，当且仅当它们处在彼此的通信范围内，它们在一起连续接触的时长称为接触时长，接触时长的开始时间称为接触时间(encountering time)。图 3.1 给出了一个在占空比机会移动网络中两个节点之间接触的例子。用 $T_0$ 代表某一个周期的开始时间，然后节点 $i$ 和 $j$ 会在每个周期 $T$ 内根据它们的工作机制去周期性地休眠和唤醒。如图 3.1 所示，节点 $i$ 和 $j$ 的一次接触随机地发生在某一个周期内，并且持续了一段时间 $T_d$，也就是两个节点之间的接触时长。如果节点 $i$ 和 $j$ 的这次接触不是发生在它们同时处于唤醒状态时，那么这次接触就不成功。例如，如果这次接触发生在时间点 $t_3$ 或者 $t_4$，那么这次接触就不能被彼此发现。因此，和第 2 章类似，占空比机会移动网络中的接触也分为两类：有效的接触和错失的接触。有效的接触可以被彼此发现并且可以用来交换数据包，它主要包括两种场景：①两个节点之间的接触发生在当它们都处于唤醒状态时；②如果两个节点之间的接触不是发生在当它们都处于唤醒状态时，它们必须在接触结束之前都处于唤醒状态，如图 3.1(a)所示。错失的接触和有效的接触恰恰相反，当两个节点处于接触时，并不是都处于唤醒状态，如图 3.1(b)所示。

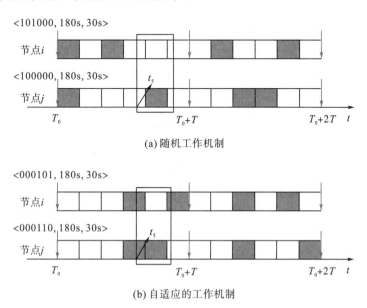

(a) 随机工作机制

(b) 自适应的工作机制

图 3.2　随机工作机制和自适应工作机制的例子

基于以上的例子和分析，可以观察到如果网络中的节点随机地选择自己的工作机制，那么网络中的节点错失接触的概率就会很大。但是，如果网络中的节点可以在每个周期内自适应地设定自己的工作机制，那么其错失接触的概率将会大大降低。如图 3.2(a)所示，如果节点 $i$ 和 $j$ 在时间 $T_0 \sim T+T_0$ 分别随机地选择工作机制<101000,180s,30s>和<100010，180s,30s>，那么发生在时间 $t_5$ 的节点 $i$ 和 $j$ 之间的一次接触就会被错失。但是，如果节点 $i$ 和 $j$ 能够预测未来的接触信息，并且选择合适的时隙去唤醒，那么这次接触就有可能变为有效的接触。如图 3.2(b)所示，如果节点 $i$ 和 $j$ 在时间 $T_0 \sim T + T_0$ 分别选择工作机制<000101，180s,30s>和<000110,180s,30s>，那么发生在时间 $t_5$ 的节点 $i$ 和 $j$ 之间的这次接触就被变为有效的接触。综上所述，本章的目标就是为占空比机会移动网络设计一种自适应的工作机制。

## 3.4　自适应工作机制

机会移动网络和其他传统的连通网络(如 P2P 网络和互联网)不同,其节点之间是间歇性连通的。在过去的研究中,文献[36]和文献[143]中的作者发现机会移动网络中节点间的接触服从一定的规律。文献[36]中的作者发现节点间的接触时间间隔服从指数分布,但是直到现在对于节点间的接触时间间隔分布仍然缺乏统一的观点。因此,本章直接利用在每个节点缓存中储存的历史接触记录去预测未来的接触信息,从而自适应地配置节点在每个周期内的休眠和唤醒状态。

文献[144]中的结果表明,每个节点可以利用过去的接触历史信息去预测未来的接触信息。其中的一种接触信息是"预期的接触值(expected encounter value, EV)",它代表某一个节点在未来和其接触的节点的数量[144,145]。本章也使用这个概念来设置网络中节点的工作机制。为了方便计算预期的接触值,本章将每个周期分为 $n_{\mathrm{p}}=\dfrac{T}{\Delta t}$ 个时隙,其中 $\Delta t$ 为每个时隙的时长。然后,利用网络中的节点在每个时隙内预期的接触值自适应地设置其工作机制。

为了计算在每个时隙内预期的接触值,每个节点需要记录与其他节点每次接触的接触时间。如前所述,每个节点都利用自己的缓存去记录与其他节点的接触时间间隔。节点 $i$ 和 $j$ 之间记录的历史接触时间间隔可以用集合 $H_{ij}=\{t_{ij}^1,t_{ij}^2,\cdots,t_{ij}^{h_{ij}}\}$ 表示,其中 $t_{ij}^k$ 为第 $k$ 次记录的节点 $i$ 和 $j$ 之间的历史接触时间间隔;$h_{ij}$ 为节点 $i$ 和 $j$ 之间记录的历史接触时间间隔的总个数。

如图 3.3 所示,节点 $i$ 和 $j$ 之间的最后一次接触发生在时间 $t_{ij}^0$,并且某一个周期的开始时间为 $t(t\geqslant t_{ij}^0)$。假设节点 $i$ 和 $j$ 之间的下一个接触时间间隔为 $t_{ij}$,然后就可以得到节点 $i$ 会在这个周期内的第 $m$ 个时隙和节点 $j$ 接触的概率为

$$\Pr\left\{t+(m-1)\Delta t-t_{ij}^0<t_{ij}\leqslant t+m\Delta t-t_{ij}^0\,|\,t_{ij}>t-t_{ij}^0\right\},\forall m=1,2,\cdots,\frac{T}{\Delta t}$$

图 3.3　节点在某个周期将会在第 $m$ 个时隙和节点 $j$ 接触的概率

因此，节点 $i$ 在该周期内的第 $m$ 个时隙预期的接触值可以表示为

$$
\begin{aligned}
\mathrm{EV}_i(m) &= \sum_{1 \leqslant j \leqslant N, j \neq i} \Pr\left\{ t + (m-1)\Delta t - t_{ij}^0 < t_{ij} \leqslant t + m\Delta t - t_{ij}^0 \mid t_{ij} > t - t_{ij}^0 \right\} \\
&= \sum_{1 \leqslant j \leqslant N, j \neq i} \frac{\Pr\left\{ t + (m-1)\Delta t - t_{ij}^0 < t_{ij} \leqslant t + m\Delta t - t_{ij}^0 \right\}}{\Pr\left\{ t_{ij} > t - t_{ij}^0 \right\}}
\end{aligned}
$$

$$
\forall m = 1, 2, \cdots, \frac{T}{\Delta t} \tag{3.1}
$$

考虑 $r_{ij}^m = |R_{ij}^m|$ 。其中，$R_{ij}^m = \{t_{ij}^k \mid t_{ij}^k \in H_{ij}, t + (m-1)\Delta t - t_{ij}^0 < t_{ij}^k < t + m\Delta t - t_{ij}^0\}$ ，$\forall m = 1, 2, \cdots, \frac{T}{\Delta t}$ ；并且 $u_{ij} = |U_{ij}|$ ，其中 $U_{ij} = \{t_{ij}^k \mid t \in H_{ij}, t_{ij}^k > t - t_{ij}^0\}$ 。然后，可得

$$
\Pr\left\{ t + (m-1)\Delta t - t_{ij}^0 < t_{ij} \leqslant t + m\Delta t - t_{ij}^0 \right\} = \frac{r_{ij}^m}{h_{ij}} \tag{3.2}
$$

和

$$
\Pr\left\{ t_{ij} > t - t_{ij}^0 \right\} = \frac{u_{ij}}{h_{ij}} \tag{3.3}
$$

将式(3.2)和式(3.3)代入式(3.1)，可得

$$
\begin{aligned}
&\Pr\left\{ t + (m-1)\Delta t - t_{ij}^0 < t_{ij} \leqslant t + m\Delta t - t_{ij}^0 \mid t_{ij} > t - t_{ij}^0 \right\} \\
&= \frac{\Pr\left\{ t + (m-1)\Delta t - t_{ij}^0 < t_{ij} \leqslant t + m\Delta t - t_{ij}^0 \right\}}{\Pr\left\{ t_{ij} > t - t_{ij}^0 \right\}} \\
&= \frac{r_{ij}^m / h_{ij}}{u_{ij} / h_{ij}} = \frac{r_{ij}^m}{u_{ij}}
\end{aligned} \tag{3.4}
$$

然后，节点 $i$ 在这个周期内的第 $m$ 个时隙预期的接触值可以表示为

$$\mathrm{EV}_i(m) = \sum_{1 \leqslant j \leqslant N, j \neq i} \frac{r_{ij}^m}{u_{ij}}, \quad \forall m = 1, 2, \cdots, \frac{T}{\Delta t} \tag{3.5}$$

根据式(3.5)，网络中的每个节点可以计算在每个周期内每个时隙的接触值。如果节点 $i$ 和 $j$ 之间没有接触，那么它们之间的接触值则为 0。综上所述，基于式(3.5)，我们所提出的工作机制可以总结为如下几点。

(1)在每个周期的开始时间，每个节点会更新与其他节点在上一个周期内的最后一次接触时间，并且将周期长度 $T$ 分为 $n_p$ 个时隙。

(2)在更新完与其他节点在上一个周期内的最后一次接触时间后，利用存储的接触历史记录，每个节点根据式(3.5)计算在当前周期内每个时隙的接触值。

(3)然后，网络中的每个节点将会选择 $n_w$ 个时隙去唤醒，并且这 $n_w$ 个时隙有最大的接触值。

(4)上述过程在每个周期的开始时间重复进行，这样网络中的每个节点就可以在每个周期的开始时间自适应地设定自己的工作机制。

基于以上为占空比机会移动网络设计的自适应工作机制，我们可以发现，为了计算在每个周期内每个时隙的接触值，节点 $i$ 必须在每个周期的开始时间去更新与其接触的所有节点的上次接触时间。但是，因为占空比机会移动网络中的节点不可避免地会错失一些和其他节点的接触，或者当网络中的节点在它们接触开始时处于休眠状态而发现有延时，如图 3.1 所示，所以网络中的节点很难得到和其接触的每个节点准确的上次接触时间。值得注意的是，因为节点之间的接触时间间隔要远大于节点间的接触时长，并且节点间的发现延时要小于接触时长，所以本章只考虑错失的接触，而忽略那些发现有延时的接触。

对于错失的接触来说，如果节点 $i$ 在过去的一个周期中错失了一次和节点 $j$ 的接触，那么节点 $i$ 和 $j$ 的上一次接触时间 $t_{ij}^0$ 就不会在当前周期内更新，从而导致节点 $i$ 和 $j$ 在当前周期内接触值的计算不准确。但是，随着时间的推移，节点 $i$ 和 $j$ 之间的接触值会显著地减少。图 3.4 显示了在 Infocom 06 数据集和 MIT Reality 数据集中接触时间间隔的互补累计分布。从图中可以看出，在 Infocom 06 数据集中，当接触时间间隔大于 3h 时，接触时间间隔的累计分布小于 6%，这就意味着当接触时间间隔大于 3h 时，节点 $i$ 和 $j$ 在当前周期内的接触值将会接近

0。类似地，在 MIT Reality 数据集中，当接触时间间隔大于 20d 时，接触时间间隔的累计分布小于 4%，这就意味着当接触时间间隔大于 20d 时，节点 $i$ 和 $j$ 在当前周期内的接触值将会接近 0。综上，本章所提出的机制在网络中的节点有错失的接触时同样有效。

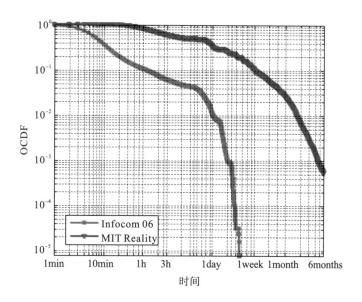

图 3.4　Infocom 06 和 MIT Reality 数据集中接触时间间隔的互补累计分布

# 3.5　性能评估

这个部分旨在评估为占空比机会移动网络设计的自适应工作机制在不同真实数据集中的性能。

## 3.5.1　仿真实验设置

本章主要利用传染路由协议[72]和 Bubble Rap 路由协议[83]来比较所提出的自适应工作机制、随机工作机制和周期性工作机制的性能。在随机工作机制中，网络中的节点在每个周期内随机地选择时隙去休眠和唤醒。在周期性工作机制中，网络中的节点在实验开始时随机地选择一个工作机制，然后周期性地运行这个工作机制。在传染路由协议中，数据包被简单地洪泛到网络中的节点。在 Bubble Rap 路由协议中，数据包首先被转发给具有更大全局中心性的节点。当数据包被转发给和目的节点具有相同社区的节点时，接下来节点的本地中心性将会代替全局中心性作为转发指标，数据包就这样被一直转发直到递送给目的节点或者数据包已经过期。除非另有说明，在 Infocom 06 数据集中，设置周期的时长为 5min，每个时隙的时长为 30s；相应地在 MIT Reality 数据集中，设置周期的时长为 10min，每个时隙的时长为 60s。在仿真实验中，本节主要比较如下的性能指标。

(1) 有效的接触数 (number of effective contacts)：网络中的节点在一段时间内有效接触的数量。

(2) 递送率 (delivery ratio)：网络中的数据包被成功递送到目的节点的比例。

(3) 递送延时 (delivery delay)：网络中的数据包被成功递送到目的节点的平均延时。

(4) 递送开销 (delivery cost)：被节点转发到网络中的平均数据包份数。

本章使用两个从真实环境中采集到的真实移动数据集——Infocom 06[146]和 MIT Reality[147]，并以此来评估所提出的自适应工作机制、随机工作机制及周期性工作机制的性能。两个真实移动数据集中的用户都拿着带有蓝牙接口的便携设备，这些设备用来记录和周围其他用户的接触。这两个数据集包括了不同采集环境和不同的实验时长。数据集的一些基本特性见表 3.1。

表 3.1　数据集的一些基本特性

| 数据集 | Infocom 06 | MIT Reality |
|---|---|---|
| 采集设备 | iMote | 智能手机 |
| 网络类型 | 蓝牙 | 蓝牙 |
| 采集时长/d | 3 | 246 |
| 总的接触数 | 182951 | 114046 |
| 采集时间粒度/s | 120 | 300 |
| 总的设备数 | 78 | 97 |
| 平均的接触频率 | 6.7 | 0.024 |

## 3.5.2　性能比较

　　我们分别在两个数据集 Infocom 06 和 MIT Reality 中使用传染路由协议和 Bubble Rap 路由协议，比较所提出的自适应工作机制和随机工作机制及周期性工作机制的性能。

　　图 3.5 分别给出了在两个数据集 Infocom 06 和 MIT Reality 中有效的接触数的比较。图 3.5(a) 给出了在 Infocom 06 数据集中有效的接触数的比较，图 3.5(b) 则给出了在 MIT Reality 数据集中有效的接触数的比较。从图中可以看出，不同工作机制下的有效的接触数都随着占空比的增加而增加，但是相比随机工作机制和周期性工作机制，自适应工作机制在有效的接触数方面明显占优。其主要原因是自适应工作机制利用过去的接触历史记录去预测未来的接触信息，从而自适应地设置节点在每个周期内的休眠和唤醒状态。因此，很多在随机工作机制和周期性工作机制中错失掉的接触都被变为有效的接触。

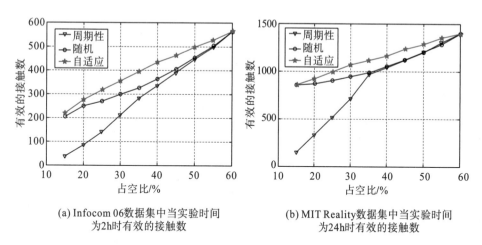

(a) Infocom 06数据集中当实验时间
为2h时有效的接触数

(b) MIT Reality数据集中当实验时间
为24h时有效的接触数

图 3.5　有效的接触数在不同数据集中的比较

　　图 3.6 给出了在 Infocom 06 数据集中，当剩余生存时间为 2h 时基于传染路由的性能比较。从图中可以看出，在 Infocom 06 数据集中，递送率、递送延时和递送开销都与占空比有着很密切的关系。当占空比从 10% 增加到 100% 时，在不同工作机制下的递送率和递送开销都在

增加，而递送延时则在相应地减小，特别是当占空比小于 50%时。其主要原因是当占空比增加时，错失的接触数量将会减少，或者可以用来交换数据的有效接触数量增加，从而导致递送率和递送开销增加及递送延时减小。自适应工作机制在递送率和递送延时方面要优于随机工作机制和周期性工作机制，特别是当占空比小于 50%时。其主要原因是和随机工作机制及周期性工作机制相比，自适应工作机制中将会有较少的接触被错失掉，如图 3.5 所示。在这种情况下，自适应工作机制将会有更多的可以用来传递数据的有效接触，从而导致递送率和递送开销增加及递送延时减小。当占空比大于 80%时，随机工作机制和周期性工作机制的性能几乎和自适应工作机制一样。其主要原因是当占空比大于 80%时，不仅是自适应工作机制，而且对于随机工作机制和周期性工作机制来说都只有很少的接触被错失掉。

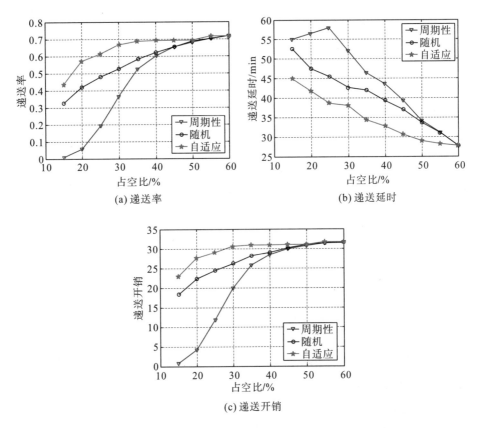

图 3.6   Infocom 06 数据集中基于传染路由的性能比较

图 3.7 给出了在 MIT Reality 数据集中，当剩余生存时间为 24h 时基于传染路由的性能比较。从图中可以看出，和图 3.6 中的结果类似，在 MIT Reality 数据集中，当占空比从 10%增加到 100%时，在不同工作机制下的递送率和递送开销都在增加，而递送延时则在相应地减小，特别是当占空比小于 50%时。自适应工作机制在递送率和递送延时方面要优于随机工作机制和周期性工作机制，特别是当占空比小于 50%时。在 MIT Reality 数据集中的递送延时要远大于在 Infocom 06 数据集中的递送延时。其主要原因是相比 Infocom 06 数据集中的接触，MIT Reality 数据集中的接触要稀疏得多，从而导致网络中的节点需要花费更多的时间去递送一个数据包到目的节点。

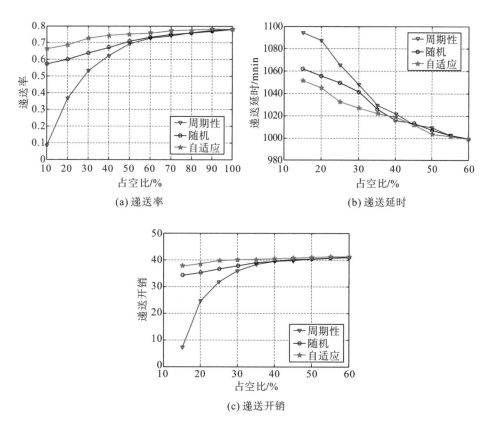

图 3.7 MIT Reality 数据集中基于传染路由的性能比较

图 3.8 给出了在 Infocom 06 数据集中，当剩余生存时间为 4h 时基

于 Bubble Rap 路由协议的性能比较。图 3.9 给出了在 MIT Reality 数据集中，当剩余生存时间为 24h 时基于 Bubble Rap 路由协议的性能比较。从图中可以看出，和图 3.6 及图 3.7 中的结果类似，在 Infocom 06 数据集和 MIT Reality 数据集中，在不同工作机制下的递送率、递送延时和递送开销都和占空比有着密切的关系。自适应工作机制在递送率和递送延时方面要优于随机工作机制和周期性工作机制，特别是当占空比小于 50% 时。另外，和图 3.6 及图 3.7 中的结果类似，在 MIT Reality 数据集中的递送延时要远大于在 Infocom 06 数据集中的递送延时。

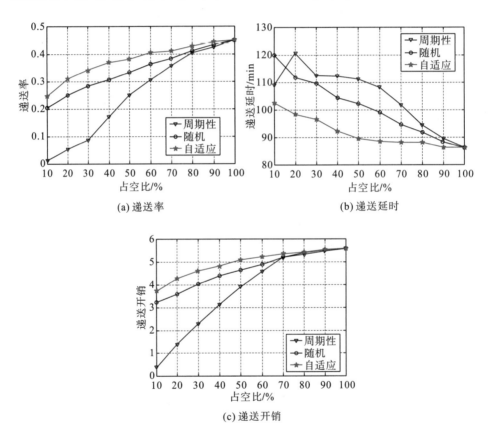

(a) 递送率

(b) 递送延时

(c) 递送开销

图 3.8　Infocom 06 数据集中基于 Bubble Rap 路由的性能比较

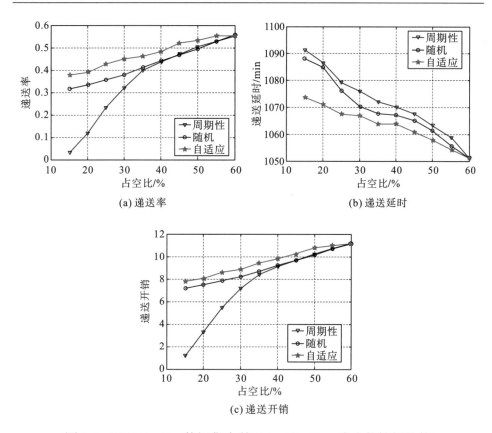

(a) 递送率

(b) 递送延时

(c) 递送开销

图 3.9  MIT Reality 数据集中基于 Bubble Rap 路由的性能比较

综上所述,随着占空比的增加,在 Infocom 06 数据集和 MIT Reality 数据集中,递送率和递送开销都在增加,而递送延时则在相应地减小。自适应工作机制在递送率和递送延时方面要优于随机工作机制和周期性工作机制,特别是当占空比小于 50% 时。因此,可以得出在占空比机会移动网络中,相比随机工作机制和周期性工作机制,自适应工作机制是一种更加有效的方法。

# 3.6  本 章 小 结

本章为占空比机会移动网络提出了一种自适应的工作机制。本章所提出的自适应工作机制是用节点间过去的接触历史记录预测节点间未来的接触信息，从而在每个周期内自适应地配置网络中每个节点的工作机制。同时，通过大量基于真实数据集的仿真实验评估所提出的自适应工作机制的性能。实验结果表明，所提出的自适应工作机制在有效的接触数、递送率和递送延时方面的表现均要优于随机工作机制和周期性工作机制。

# 第4章 占空比机会移动网络中基于接触模式的数据转发策略

本章主要研究占空比机会移动网络中占空比操作对数据转发的影响，并且为占空比机会移动网络设计了一种高效的数据转发策略。在机会移动网络中已经有一些研究者利用节点的接触模式去设计数据转发策略。但是，当占空比操作应用到机会移动网络中以后，很多节点之间的接触就会因为网络中的节点处于休眠状态而错失，这就会给利用节点的接触模式去设计高效的数据转发策略带来巨大的挑战。为了解决这个问题，首先，本章对占空比机会移动网络中节点间的接触过程进行了建模，并且从理论上计算接触被发现的概率。同时，通过仿真实验去验证所提出理论模型的正确性；其次，基于所提出的理论模型，本章提出了一种新的数据转发策略去提高数据转发在占空比机会移动网络中的性能。本章所提出的数据转发策略考虑了节点间的接触频率和接触时长，并且设法将数据包沿着可以最大化数据传递概率的路径转发；最后，本章做了大量基于真实数据集的仿真实验来比较所提出的数据转发策略和其他最近报道的数据转发策略在递送率和递送开销的性能。实验结果表明，所提出的数据转发策略的递送率和传染路由的递送率相比非常接近，但是相应的递送开销却要比传染路由的递送开销减少很多。同时，所提出的数据转发策略的递送率比 Bubble Rap 协议和 Prophet 协议的递送率都要高，但是相应的递送开销却只是稍微大于 Bubble Rap 的递送开销。

## 4.1 引　　言

占空比操作是一个行之有效的节省能量的方法，它允许网络中的节点交替地在唤醒状态和休眠状态之间切换[139,140]。虽然利用占空比操作可以极大地降低网络中节点的能量消耗，但是也带来网络中数据传输性能的极大降低。因此，在机会移动网络中研究占空比操作对数据传输性能的影响是一个很重要的问题。

本章旨在研究机会移动网络中占空比操作对数据转发的影响。目前，在机会移动网络中已经有很多针对数据转发的研究。一些数据转发策略[78-80]通过比较节点和目的节点的接触概率来决定是否转发数据包。但是，由于单个节点缺乏对于全局信息的了解，因此这些数据转发策略的性能不是很理想。最近，一些研究通过分析节点间接触模式的特征及通过比较节点在很长一段时间内累计的接触特征来决定是否转发数据包[36, 83-85, 148]。因为节点间的接触模式能够更加稳定地代表节点间的长期关系，所以这类数据转发策略可以更加有效地传递数据，并且不易受到节点移动随机性的影响。

在占空比机会移动网络中，网络中的节点在一个工作周期内会在唤醒状态和休眠状态之间切换，而节点间的很多接触就会在节点处于休眠状态时而错失掉。这就使得占空比机会移动网络中节点间的接触过程和机会移动网络中节点间的接触过程截然不同，并且很难直接利用节点的接触模式去设计高效的数据转发机制。为了解决这一问题，本章对占空比机会移动网络中节点间的接触过程进行了建模。为了方便建模，本章考虑周期性的占空比，也就是网络中的每个节点独立地选择开始时间，然后在每个周期 $T$ 内工作一个恒定的连续时间 $T_{on}$（唤醒时长），这样就可以将接触发现概率量化为和唤醒时长 $T_{on}$、周期 $T$ 及接触时长 $T_d$ 相关的表达式。这里接触发现概率为在占空比机会移动网络中两个节点的接触能够被彼此发现的概率，这样就可以从理论上设法得到能量消耗和接触发现概率之间的特征关系。基于所提出的理论模型，为占空比机会移动网络设计了一种新的数据转发策略。该数据转发策略考虑了节点间的接触频率和接触时长，并且设法将数据包沿着可以最大化数据传递概率的路径转发。

本章工作的创新点和贡献主要有以下四点。

(1)对占空比机会移动网络中节点间的接触过程进行了建模，并且得到了接触发现概率的理论表达式。在给定接触时长服从幂律分布的基础上，从理论上研究了能量消耗和接触发现概率之间的关系。

(2)通过基于真实数据集的仿真实验来验证提出的理论模型的正

确性。仿真实验结果表明实验结果和理论结果非常接近,从而证明了所提出理论模型的正确性。

(3)基于提出的理论模型,通过分析占空比机会移动网络中节点间的接触模式,为占空比机会移动网络提出了一种新方法去增加数据转发的性能。

(4)本章做了大量的基于真实数据集的仿真实验去评估所提出的数据转发策略的性能。实验结果表明在本章考虑的场景中,所提出的数据转发策略要比其他最近报道的数据转发策略的性能好。

本章组织安排如下：4.2 节介绍和本章相关的网络模型和假设; 4.3 节得到接触发现概率的理论表达式,并且分析了能量消耗和接触发现概率之间的关系;4.4 节做了大量的基于真实数据集的仿真实验, 以验证所提出理论模型的正确性；基于 4.3 节提出的理论模型,4.5 节介绍了基于此提出的数据转发策略;4.6 节做了大量基于真实数据集的仿真实验去评估所提出的数据转发策略的性能；最后,4.7 节给出本章的总结。

## 4.2　网　络　模　型

为了不失一般性,假设网络中的节点有足够的缓存去储存数据, 并且每个数据容量都很小,从而保证在每次和其他节点的接触中,网络中的节点都能完成数据交换过程。和文献[69]中的网络模型类似, 如图 4.1 所示,网络中每个节点的占空比为 $\dfrac{T_{on}}{T}$,并且都有两个状态: 唤醒状态和休眠状态。

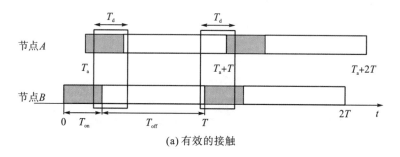

(a) 有效的接触

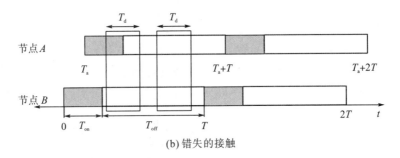

(b) 错失的接触

图 4.1 占空比机会移动网络中两个节点之间的接触过程

(1) 唤醒状态：一个节点在一个周期 $T$ 内在连续的时间 $T_{on}$ 内保持唤醒状态。处于唤醒状态的节点可以和其他节点交换数据，或者周期性地发送信标消息去发现和其他节点的接触，也可以监听无线信道去发现从其他节点发送给它的信标消息。

(2) 休眠状态：一个节点在一个周期 $T$ 内在剩余的时间 $T_{off}$ 内保持休眠状态。处于休眠状态的节点关闭了它们的无线接口以节省能量，因此它们不能和其他节点进行通信。

当网络中的节点随机地选择一个开始时间，那么节点就会在 $T_{on}$ 的开始时间从休眠状态切换到唤醒状态，并且在每个周期 $T$ 内在连续的时间 $T_{on}$ 内保持唤醒状态。处于唤醒状态的某一个节点，能够周期性地发送信标消息去发现和其他节点的接触，所有在其通信范围内收听到其发送的信标消息的节点，将会回复一些信息(如身份、服务可靠性等信息)给这个节点。基于这些信息，这个节点就可以记录和其邻居节点的接触历史信息。

在机会移动网络中，两个节点处于接触状态当且仅当它们在彼此的通信范围内，它们连续接触的时间称为接触时长。图 4.1 给出了一个在占空比机会移动网络中两个节点之间的接触过程的例子。如图 4.1 所示，两个节点 $A$ 和 $B$ 在 $T_d$ 的开始时间接触，并且彼此在一起接触的时间为 $T_d$，其中 $T_d$ 为接触时长。用一个随机变量 $T_B$ 代表节点 $B$ 在某一个周期内从休眠状态切换到唤醒状态的时间点，同样用一个随机变量 $T_A$ 代表节点 $A$ 在某一个周期内从休眠状态切换到唤醒状态的时间点。为了方便建模，如图 4.1 所示，设定节点 $B$ 在这个周期内从休眠状态切换到唤醒状态的时间点为 0，并且用一个随机变量 $T_a$ 代表节点

$A$ 和 $B$ 之间切换时间的偏移值，这个偏移值 $T_a = |T_A - T_B|$。在占空比机会移动网络中，当网络中的节点从唤醒状态切换到休眠状态以节省能量时，会错失很多和其他节点的接触。因此，本章同样将占空比机会移动网络中节点间的接触分为两类：有效的接触和错失的接触。由于机会移动网络中节点间的接触一般是很稀疏的，并且接触过程对机会移动网络中的数据转发有很大的影响，因此下节将对占空比机会移动网络中节点间的接触过程进行建模，并且分析不同情况下其能量消耗和接触发现概率之间的关系。

## 4.3　占空比机会移动网络中节点间接触过程的建模

在过去的研究中，文献[36]、文献[83]及文献[148]发现机会移动网络中的接触服从一定的规律。但是，在占空比机会移动网络中，由于网络中的节点周期性地在休眠状态和唤醒状态之间切换，因此很多的接触都在网络中的节点切换到休眠状态时错失掉。上述结果导致占空比机会移动网络中的接触规律和机会移动网络中的接触规律完全不同，因而很难直接利用机会移动网络中节点间的接触模式去设计数据转发策略。因此，本节提出一种理论模型去研究占空比机会移动网络中节点间的接触过程，并且分析能量消耗和接触发现概率之间的关系。

### 4.3.1　接触发现概率

这个部分将给出接触发现概率的定义和表达式。如 4.2 节所介绍，网络中的节点异步地休眠和唤醒，节点 $A$ 和 $B$ 分别在某一个周期内的时间点 $T_A$ 和 $T_B$ 从休眠状态切换到唤醒状态，并且用 $T_a = |T_A - T_B|$ 来代表节点 $A$ 和 $B$ 相应切换时间的偏移时间。因为 $T_A$ 和 $T_B$ 是彼此独立的，而且网络中的每个节点都在每个周期 $T$ 内工作恒定的时间 $T_{on}$，所以可以得到偏移时间 $T_a$ 均匀地分布在一个周期时间 $T$ 内，其表达式为

$$f_a(t) = \frac{1}{T}, \quad 0 \leqslant t \leqslant T \tag{4.1}$$

其中，$f_a(t)$ 为 $T_a$ 的概率分布函数。

假设用随机变量$T_{ct}$代表接触发生的时间。如图4.1(a)所示，$T_{ct}$可以视作接触时长$T_d$的开始时间。文献[69]声明"机会移动网络是一种很稀疏的网络，因而节点间的接触时间间隔要大于周期长度$T$"。基于这个声明，可以得出$T_{ct}$均匀地分布在$T$内，并且独立于随机变量$T_a$。假设节点间的接触时长$T_d$是独立同分布的随机变量，并且其累计分布函数为$F_d(x)$。定义$P_c$（接触发现概率）为在占空比机会移动网络中两个节点之间的接触能够被彼此发现的概率，即这次接触为有效接触的概率。接触发现概率$P_c$的表达式和很多变量有关，如唤醒时长$T_{on}$、周期长度$T$和节点间的接触时长$T_d$等。

当$T_{on}<T_{off}$时，为了方便计算接触发现概率$P_c$，这里使用偏移时间$T_a$将接触发现概率$P_c$划分为三个部分。因为$T_a$是均匀地分布在周期长度$T$内的，因此这里用$P_{c1}$代表当$0\leqslant T_a\leqslant T_{on}$时的接触发现概率，$P_{c2}$代表当$T_{on}<T_a<T-T_{on}$时的接触发现概率，$P_{c3}$代表当$T-T_{on}\leqslant T_a<T$时的接触发现概率。如图4.1(a)所示，如果偏移时间在区间$[0,T_{on}]$内，那么节点$A$和$B$就有彼此重叠的唤醒时间。在这种情况下，如果$T_{ct}$在区间$(0,T_a)$和$(T_{on},T)$时，那么这次接触就发生在两个节点不是都处于唤醒状态的情况，但是如果$T_{ct}$在区间$[T_a,T_{on}]$时，那么这次接触发生在两个节点都处于唤醒状态。因为有效接触包含两种情况，所以$P_{c1}$是以上三个部分之和，其表达式为

$$P_{c1}=\Pr\{0\leqslant T_a<T_{on}\}[\Pr\{0\leqslant T_{ct}<T_a\}\Pr\{T_{ct}+T_d\geqslant T_a\}$$
$$+\Pr\{T_a\leqslant T_{ct}\leqslant T_{on}\}+\Pr\{T_{on}<T_{ct}<T\}\Pr\{T_{ct}+T_d\geqslant T+T_a\}] \quad (4.2)$$

如果偏移时间在区间$(T_{on},T-T_{on})$内，那么节点$A$和$B$就没有彼此重叠的唤醒时间，在这种情况下，它们的接触就不能被彼此发现。因此，当$T_{on}<T_a<T-T_{on}$时$P_{c2}=0$。

当$T-T_{on}\leqslant T_a<T$时，两个节点在区间$[0,T_{on}+T_a-T]$内有唤醒重叠时间。在这种情况下，当$T_{ct}$在区间$[0,T_{on}+T_a-T]$时，就表示这次接触发生在两个节点都处于唤醒状态的情况；当$T_{ct}$在区间$[T_{on}+T_a-T,T]$时，就表示这次接触发生在两个节点不都是处于唤醒状态。因为有效的接触包括两种情况，和上面计算$P_{c1}$的过程类似，$P_{c3}$是两个部分之和，其表达式为

$$P_{c3} = \Pr\{T - T_{on} \leqslant T_a < T\}[\Pr\{0 \leqslant T_{ct} \leqslant T_{on} + T_a - T\}$$
$$+ \Pr\{T_{on} + T_a - T < T_{ct} \leqslant T\}\Pr\{T_{ct} + T_d \geqslant T\}] \tag{4.3}$$

综上所述，可以得到当 $T_{on} < T_{off}$ 时，接触发现概率 $P_c$ 可以表示为

$$P_c = P_{c1} + P_{c2} + P_{c3}$$

当 $T_{on} \geqslant T_{off}$ 时，和上面计算当 $T_{on} < T_{off}$ 时的接触发现概率 $P_c$ 的过程类似，这里也可以利用偏移时间 $T_a$ 去将接触发现概率 $P_c$ 划分为三个部分。用 $P'_{c1}$ 代表当 $0 \leqslant T_a \leqslant T - T_{on}$ 时的接触发现概率，$P'_{c2}$ 代表当 $T - T_{on} \leqslant T_a < T_{on}$ 的接触发现概率，$P'_{c3}$ 代表当 $T_{on} < T_a \leqslant T$ 时的接触发现概率，然后，可以得到如下的表达式：

$$P'_{c1} = \Pr\{0 \leqslant T_a \leqslant T - T_{on}\}[\Pr\{0 \leqslant T_{ct} \leqslant T_a\}\Pr\{T_{ct} + T_d \geqslant T_a\}$$
$$+ \Pr\{T_a < T_{ct} \leqslant T_{on}\} + \Pr\{T_{on} < T_{ct} \leqslant T\}\Pr\{T_{ct} + T_d \geqslant T + T_a\}] \tag{4.4}$$

$$P'_{c2} = \Pr\{T - T_{on} < T_a < T_{on}\}[\Pr\{0 \leqslant T_{ct} \leqslant T_a - T + T_{on}\}$$
$$+ \Pr\{(T_a - T + T_{on}) < T_{ct} \leqslant T_a\}\Pr\{T_{ct} + T_d \geqslant T_a\}] \tag{4.5}$$

$$P'_{c3} = \Pr\{T_{on} \leqslant T_a < T\}[\Pr(0 \leqslant T_{ct} \leqslant T_a - T + T_{on})$$
$$+ \Pr\{T_a - T + T_{on} < T_{ct} \leqslant T\}\Pr\{T_{ct} + T_d \geqslant T\}] \tag{4.6}$$

综上所述，当 $T_{on} \geqslant T_{off}$ 时，接触发现概率 $P_c$ 可以表示为

$$P_c = P'_{c1} + P'_{c2} + P'_{c3}$$

## 4.3.2　能量消耗和接触发现概率之间的关系

前面给出了周期长度 $T$、唤醒时长 $T_{on}$ 及接触时长 $T_d$ 和接触发现概率 $P_c$ 之间的关系，下面研究在不同场景下能量消耗和接触发现概率之间的关系。当接触时长 $T_d$ 服从一个给定的分布时，就能从理论上得到能量消耗和接触发现概率之间的关系。文献[63]发现真实移动数据集中节点的累计接触时长服从幂律分布。因此，本章也假设接触时长 $T_d$ 服从幂律分布，表示为

$$F_d(x) = \begin{cases} 0 & , x < \tau \\ 1 - (x/\tau)^{-k} & , x \geqslant \tau \end{cases} \tag{4.7}$$

其中，$\tau$ 为 $T_d$ 的最小值；$k$ 为分布的斜率。

将式(4.1)和式(4.7)分别代入式(4.2)~式(4.6)中，可以得到在不

同场景下 $P_c$ 的表达式。当 $T_{on} < T_{off}$ 时，如式(4.7)所示，因为接触时长 $T_d$ 服从幂律分布，$P_c$ 可以被 $\tau$ 分为三个部分：$0 < \tau \leqslant T_{on}$、$T_{on} < \tau \leqslant T - T_{on}$ 和 $T - T_{on} < \tau \leqslant T$。当 $0 < \tau \leqslant T_{on}$ 时，根据式(4.2)，$P_{c1}$ 能够用如下式子计算：

$$
\begin{aligned}
P_{c1} &= \frac{1}{T^2}\left\{ \int_0^{T_{on}} dT_a \left( \int_0^{T_a} \Pr\{T_{ct} + T_d \geqslant T_a\} dT_{ct} + \int_{T_a}^{T_{on}} dT_{ct} \right) \right. \\
&\quad \left. + \int_{T_{on}}^{T} \Pr\{T_{ct} + T_d \geqslant T + T_a\} dT_{ct} \right\} \\
&= \frac{1}{T^2}\left\{ \int_0^{\tau} dT_a \left[ \int_0^{T_a} dt + T_{on} - T_a + \int_{T_a}^{\tau} dt + \int_{\tau}^{T+T_a-T_{on}} \left(\frac{t}{\tau}\right)^{-k} dt \right] \right. \\
&\quad \left. + \int_{\tau}^{T_{on}} dT_a \left[ \int_o^{\tau} dt + \int_{\tau}^{T_a} \left(\frac{t}{\tau}\right)^{-k} dt + T_{on} - T_a + \int_{T_a}^{T+T_a-T_{on}} \left(\frac{t}{\tau}\right)^{-k} dt \right] \right\} \\
&= \frac{1}{T^2}\left\{ \frac{\tau^k[T^{2-k} - (T-T_{on})^{2-k}]}{(1-k)(2-k)} + 0.5T_{on}^2 - \frac{\tau T_{on}}{1-k} + \tau T_{on} \right\}
\end{aligned}
\tag{4.8}
$$

和上面的计算过程类似，根据式(4.3)，可以得到 $P_{c3} = P_{c1}$，即

$$
\begin{aligned}
P_{c3} &= \frac{1}{T^2} \int_{T-T_{on}}^{T} dT_a \left( \int_0^{T_a+T_{on}-T} dT_{ct} + \int_{T_a+T_{on}-T}^{T} \Pr\{T_{ct} + T_d \geqslant T\} dT_{ct} \right) \\
&= \frac{1}{T^2} \int_{T-T_{on}}^{T} dT_a \left[ T_a + T_{on} - T + \tau + \int_{\tau}^{2T-T_a-T_{on}} \left(\frac{t}{\tau}\right)^{-k} dt \right] \\
&= \frac{1}{T^2}\left\{ \frac{\tau^k[T^{2-k} - (T-T_{on})^{2-k}]}{(1-k)(2-k)} + 0.5T_{on}^2 - \frac{\tau T_{on}}{1-k} + \tau T_{on} \right\}
\end{aligned}
\tag{4.9}
$$

因为 $P_{c2} = 0$，所以 $P_c$ 是 $P_{c1}$ 和 $P_{c3}$ 两者之和，并且可以表示为

$$
P_c = \frac{2}{T^2}\left\{ \frac{\tau^k[T^{2-k} - (T-T_{on})^{2-k}]}{(1-k)(2-k)} + 0.5T_{on}^2 + \tau T_{on} - \frac{\tau T_{on}}{1-k} \right\}
\tag{4.10}
$$

当 $T_{on} < \tau \leqslant T - T_{on}$ 和 $T - T_{on} < \tau \leqslant T$ 时，和上面的计算过程类似，根据式(4.2)和式(4.3)，可以得到 $P_{c1}$ 和 $P_{c3}$ 的表达式，和当 $0 < \tau \leqslant T_{on}$ 时的表达式一样，并且可以表示为

$$P_{c1} = \frac{1}{T^2} \left\{ \frac{\tau^k [T^{2-k} - (T-T_{on})^{2-k}]}{(1-k)(2-k)} + 0.5T_{on}^2 + \tau T_{on} - \frac{\tau T_{on}}{1-k} \right\} \quad (4.11)$$

$$P_{c3} = \frac{1}{T^2} \left\{ \frac{\tau^k [T^{2-k} - (T-T_{on})^{2-k}]}{(1-k)(2-k)} + 0.5T_{on}^2 + \tau T_{on} - \frac{\tau T_{on}}{1-k} \right\} \quad (4.12)$$

因此，当 $T_{on} < \tau \leqslant T - T_{on}$ 和 $T - T_{on} < \tau \leqslant T$ 时，$P_c$ 可以用式(4.10)来表示。

当 $T_{on} \geqslant T_{off}$，$P_c$ 被参数 $\tau$ 划分为三个部分：$0 < \tau \leqslant T - T_{on}$、$T - T_{on} < \tau < 2(T - T_{on})$ 及 $2(T - T_{on}) \leqslant \tau \leqslant T$。当 $T_{on} \geqslant T_{off}$ 时的计算过程类似于当 $T_{on} < T_{off}$ 时的计算过程，所以这里省略了具体的计算过程。当 $0 < \tau \leqslant T - T_{on}$ 时，$P_c$ 是 $P_{c1}$、$P_{c2}$ 和 $P_{c3}$ 三者之和，可以得到以下的表达式

$$P_c = \frac{1}{T^2} \left\{ \frac{2\tau^k [(2T - 2T_{on})^{2-k} - (T - T_{on})^{2-k}]}{(1-k)(2-k)} + T_{on}^2 \right.$$
$$\left. - \frac{2\tau(T - T_{on})}{1-k} + (4T_{on} - 2T) \left[ \frac{(\tau^k (T - T_{on})^{1-k}}{1-k} - \frac{\tau}{1-k} \right] + 2\tau T_{on} \right\} \quad (4.13)$$

当 $T - T_{on} < \tau < 2(T - T_{on})$ 时，和上面的方法类似，也可以得到以下表达式

$$P_c = \frac{1}{T^2} \left\{ 8TT_{on} - 4T_{on}^2 - 4\tau T_{on} + 4\tau T - \tau^2 - 3T^2 \right.$$
$$\left. + \frac{2\tau^2 [(2T - 2T_{on})^{2-k} - \tau^{2-k}]}{(1-k)(2-k)} - \frac{2\tau(2T - 2T_{on} - \tau)}{1-k} \right\} \quad (4.14)$$

当 $2(T - T_{on}) \leqslant \tau \leqslant T$ 或者 $\tau > T$ 时，和上面的方法类似，可以得到 $P_c = 1$。

得到在不同场景下 $P_c$ 的表达式后，这部分用数值结果来分析当接触时长服从幂律分布时，能量消耗和接触发现概率之间的关系。能量消耗定义为占空比 $T_{on} / T$，用更大的占空比去达到一个特定的 $P_c$ 值则意味着更多的能量消耗。图 4.2 显示了当接触时长服从幂律分布时的能量消耗和接触发现概率之间的关系。从图中可以发现，接触发现概率 $P_c$ 随着占空比的增加而增加，这就意味着网络中的节点必须消耗更多的能量去增加网络的性能。当 $T_{on} \geqslant T_{off}$ 和 $\tau \geqslant 2(T - T_{on})$ 时，接触发现

概率 $P_c$ 始终是 100%，这也意味着 $P_c$ 始终是 100%，当且仅当网络中节点的占空比不小于 $\max\left\{0.5, 1-\dfrac{\tau}{2T}\right\}$。从图 4.2(a) 中可以发现，接触发现概率 $P_c$ 随着 $\tau$ 的增加而增加，这就意味着更大的 $\tau$ 需要较少的能量消耗去达到一个特定的 $P_c$ 值。从图 4.2(b) 中可以发现，接触发现概率 $P_c$ 随着 $T$ 减小而增加，并且当 $T$ 更小时，$P_c$ 达到 100% 的速度更快，因此更小的 $T$ 需要更少的能量消耗去达到一个特定的 $P_c$ 值。但是，$T$ 也不能太小，因为小的 $T$ 意味着节点需要在休眠状态和唤醒状态之间切换很多次，而每次切换过程也需要消耗一些能量。图 4.2(c) 显示了接触发现概率 $P_c$ 随着 $k$ 的减小而增加，因此更小的 $k$ 需要消耗更少的能量去达到一个特定的 $P_c$ 值。

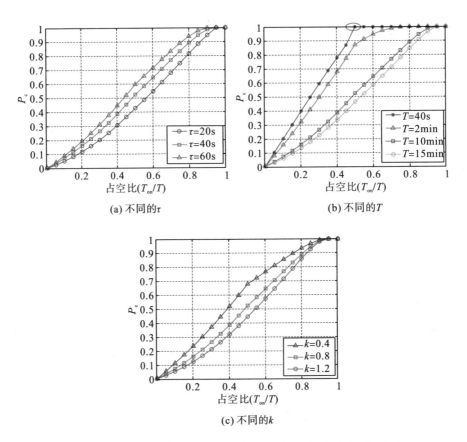

图 4.2　不同场景下能量消耗和接触发现概率之间的关系

下面给出这一节的总结：当接触时长 $T_d$ 服从幂律分布时，从理论上得到了能量消耗和接触发现概率之间的表达式。从图示结果可以得出，接触发现概率 $P_c$ 随着占空比的增加而增加，并且当网络中节点的占空比不小于 $\max\left\{0.5, 1-\dfrac{\tau}{2T}\right\}$ 时，接触发现概率 $P_c$ 始终是 100%。

图 4.2(b) 显示了当 $T = \tau = 40\,\mathrm{s}$ 时的结果，从图中可以得出，当占空比不小于 50% 时，$P_c$ 始终是 100%；再者，接触发现概率 $P_c$ 随着 $\tau$ 的增加而增加，随着 $k$ 的减小而增加。从这里可以得出接触时长对接触发现概率有着很大的影响。值得注意的是，文献[69]中的模型只给出了当接触时长 $T_d$ 是某一个特定值时的接触发现概率，所以文献[69]中的结果仅能够分析当接触时长是某一个特定值时能量消耗和接触发现概率之间的关系。

## 4.4　理论模型验证

本节利用从真实环境中采集到的 Infocom 06 数据集去验证所提出理论模型的正确性。数据集中的每个设备会周期性地每隔 120s 探测一次其周围的环境。当一个设备发现其他的设备时，它会记录接触时间及设备的 ID。利用这些记录的信息，就可以得到任意两个设备之间的接触时长。如果一个设备在第 $m$ 次连续扫描被发现，那么这次的接触时长就是第 $m$ 次扫描和第一次扫描之间的时间差。如果一个设备只被扫描到一次，和文献[63]中的方法类似，这里就把这次的接触近似为 120s。下一步研究在 Infocom 06 数据集中的累计接触时长。图 4.3 以对数坐标的形式画出了 $1-F_d(x)$ 的曲线。从图中可以看出，累计接触时长服从幂律分布。通过曲线拟合，可以估计出 $F_d(x) = 1-(x/\tau)^{-k}$ 中 $\tau = 120\,\mathrm{s}$ 和 $k = 1.523$。文献[63]和文献[149]也证实了累计接触时长服从幂律分布的事实。

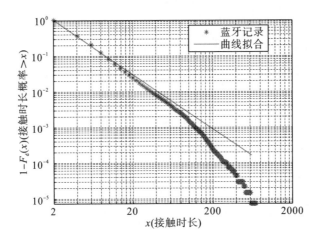

图 4.3　累计接触时长分布

在介绍完真实移动数据集后，下面利用这个真实移动数据集验证
所提出理论模型的正确性。图 4.4 给出了基于真实移动数据集的实验
结果和理论结果的比较。图 4.4(a)给出了基于真实移动数据集的实验
结果和从所提出模型中得到的理论结果之间的比较。从图中可以看出，
当占空比增加时，理论结果非常接近基于真实移动数据集的实验结果，
从而证明了所提出模型的正确性。图 4.4(b)给出了基于真实移动数据
集的实验结果和从文献[69]中得到的理论结果之间的比较。从图中可
以看出，当接触时长 $T_d$ = 50s、200s 和 400s 时理论结果和基于真实移
动数据集的实验结果都有很大的误差，从这里可以看出，本章所提出
理论模型相比文献[69]中提出的理论模型更适合于真实的环境。

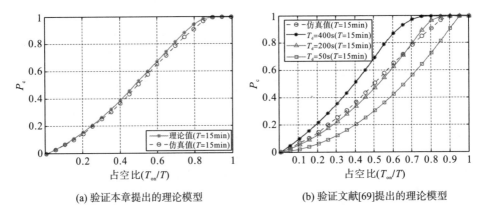

(a) 验证本章提出的理论模型　　　　(b) 验证文献[69]提出的理论模型

图 4.4　基于真实移动数据集的实验结果和理论结果的比较

## 4.5　占空比机会移动网络中的数据转发策略

本节为占空比机会移动网络提出了一种新的数据转发策略。所提出的数据转发策略设法将数据包沿着可以最大化数据传递概率的路径转发。为了得到在占空比机会移动网络中每条机会转发路径的数据传输概率，首先分析了在真实移动数据集中节点对的接触时长分布。

### 4.5.1　真实移动数据集中节点对的接触时长分布

4.3 节中已经给出了当接触时长服从幂律分布时的接触发现概率 $P_c$ 的表达式。值得注意的是，以前的研究[63]和文献[149]仅给出了累计接触时长是服从幂律分布的，但没有考虑节点对的接触时长分布。虽然一些研究[150, 151]假设节点对的接触时长是服从幂律分布的，但是没有利用实验去验证这个假设。因此，本章利用 Infocom 06 和 MIT Reality 两个数据集去验证节点对的接触时长分布是否也服从幂律分布。

为了验证上面的假设，本节对真实移动数据集中每个有连接的节点对进行卡方检验（ $\chi^2$ test）。和 4.4 节中的方法类似，首先利用曲线拟合的方法估计每个有连接的节点对中关于接触时长分布的参数 $k$ 和 $\tau$，其中 $k$ 为分布的斜率，$\tau$ 为接触时长的最小值。其次通过比较接触时长的样本频率和理论概率值对每个有连接的节点对进行卡方检验。因为幂律分布是连续的，所以在卡方检验中将样本值的范围分为几个检验间隔，并且在每个间隔中比较样本频率和理论概率值。表 4.1 和表 4.2 给出了在不同重要程度 $\alpha$ 下的不同真实移动数据集中节点对的通过率。从表中结果可以看出当检验间隔为 5 时，在数据集中多于 80% 的连接的节点对通过了检验，而且当检验间隔增加到 15 时，在数据集中多于 90% 的连接的节点对通过了检验。

表 4.1　Infocom 06 数据集中卡方检验的通过率

| Infocom 06 | 5 | 10 | 15 | 20 | 25 |
|---|---|---|---|---|---|
| 0.95 | 0.8004 | 0.8897 | 0.9183 | 0.9324 | 0.9410 |
| 0.75 | 0.9512 | 0.9682 | 0.9734 | 0.9754 | 0.9772 |
| 0.50 | 0.9855 | 0.9870 | 0.9872 | 0.9871 | 0.9843 |

表 4.2　MIT Reality 数据集中卡方检验的通过率

| MIT Reality | 5 | 10 | 15 | 20 | 25 |
| --- | --- | --- | --- | --- | --- |
| 0.95 | 0.8310 | 0.9095 | 0.9371 | 0.9508 | 0.9586 |
| 0.75 | 0.9449 | 0.9693 | 0.978 | 0.9818 | 0.9839 |
| 0.50 | 0.9839 | 0.9904 | 0.9924 | 0.9930 | 0.9930 |

基于以上的实验结果，本节验证了节点对的接触时长分布也服从幂律分布这个假设。因此，两个节点 $i$ 和 $j$ 之间的节点对的接触发现概率 $P_c(i,j)$ 能够利用 4.3 节中当接触时长服从幂律分布时接触发现概率的表达式，然后就可以利用节点对接触发现概率去研究占空比机会移动网络中的节点接触模式。

## 4.5.2　占空比机会移动网络中的机会转发路径

在机会移动网络中，节点间的接触可以描述为网络连通图 $G(V,E)$，其中节点对 $(i,j \in V)$ 之间的随机接触过程可以建模成连通图中的边 $(e_{i,j} \in E)$。一些最近的研究[36, 152, 153]表明在真实移动数据集中节点对之间的接触时间间隔服从指数分布。文献[36]的作者对 Infocom 06 和 MIT Reality 两个数据集中每个连接的节点对进行了卡方检验，检验"节点对的接触时间间隔是否服从指数分布"。结果表明当检验间隔大于一定值（≥10）时，在上面两个真实移动数据集中有超过 85%的连接的节点对通过了检验。因此，本章也假设节点对的接触时间间隔服从指数分布。然后，用两个节点 $i$ 和 $j$ 之间的接触频率 $\lambda_{ij}$ 代表接触率，其计算方法为

$$\lambda_{ij} = \frac{n}{\sum_{l=1}^{n} T_{ij}^l} \tag{4.15}$$

其中，$T_{ij}^1$、$T_{ij}^2$,…,$T_{ij}^n$ 为两个节点 $i$ 和 $j$ 之间的接触时间间隔样本。

因此，两个节点 $i$ 和 $j$ 之间的接触时间间隔 $X_{ij}$ 的概率密度函数为

$$f_{X_{ij}}(t) = \lambda_{ij}\, \mathrm{e}^{-\lambda_{ij}t} \tag{4.16}$$

在占空比机会移动网络中，两个节点之间的每次接触都有一个节点对接触发现概率，它和两个节点之间的接触时长有关。因此，根据

泊松分布的变薄属性[154]，可以得出在占空比机会移动网络中两个节点 $i$ 和 $j$ 之间节点对的接触时间间隔 $X'_{ij}$ 也服从指数分布，并且其接触频率 $\lambda'_{ij}$ 可以表示为 $P_{c}(ij)\lambda_{ij}$，其中 $P_{c}(ij)$ 为两个节点 $i$ 和 $j$ 之间节点对的接触发现概率。

所以，占空比机会移动网络中两个节点 $i$ 和 $j$ 之间的接触时间间隔 $X_{ij}$ 的概率密度函数可以表示为

$$f_{X'_{ij}}(t) = P_{c}(ij)\lambda_{ij}\,\mathrm{e}^{-P_{c}(ij)\lambda_{ij}t} \tag{4.17}$$

在得到占空比机会移动网络中节点对接触时间间隔的分布后，下面介绍机会转发路径的定义[155]。如图 4.5 所示，假设有一个数据包需要从源节点 $S$ 传输到目的节点 $D$，并且总共有 $L$ 条从 $S$ 到 $D$ 的机会转发路径。如图 4.6 所示，机会转发路径的定义如下。

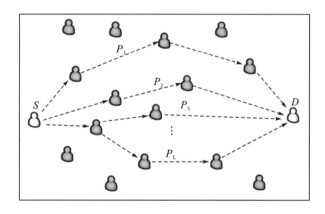

图 4.5　机会移动网络中的机会转发路径

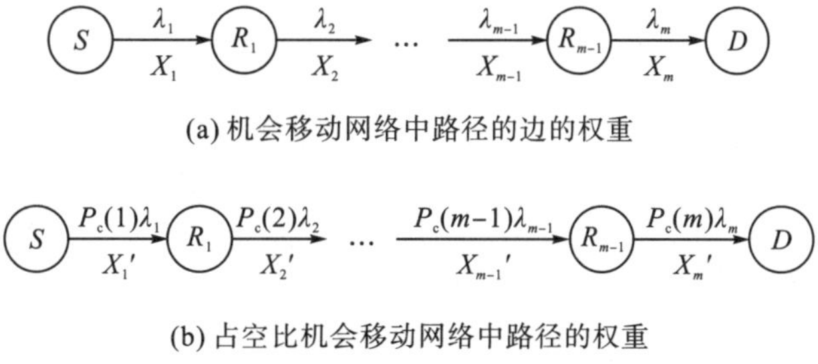

$$S \xrightarrow[X_1]{\lambda_1} R_1 \xrightarrow[X_2]{\lambda_2} \cdots \xrightarrow[X_{m-1}]{\lambda_{m-1}} R_{m-1} \xrightarrow[X_m]{\lambda_m} D$$

(a) 机会移动网络中路径的边的权重

$$S \xrightarrow[X_1']{P_c(1)\lambda_1} R_1 \xrightarrow[X_2']{P_c(2)\lambda_2} \cdots \xrightarrow[X_{m-1}']{P_c(m-1)\lambda_{m-1}} R_{m-1} \xrightarrow[X_m']{P_c(m)\lambda_m} D$$

(b) 占空比机会移动网络中路径的权重

图 4.6　从 $S$ 到 $D$ 的某一条机会转发路径的边的权重

定义 1    在机会移动网络中，用 $l$ 表示某一条从 $S$ 到 $D$ 的 $m$ 跳的机会转发路径，由一个节点集合 $\{S,R_1,R_2,\cdots,R_{m-1},D\}$ 和边的集合 $\{e_1,e_2,\cdots,e_m\}$ 组成，而且每条边的权重为 $\{\lambda_1,\lambda_2,\cdots,\lambda_m\}$，其中 $\{\lambda_1,\lambda_2,\cdots,\lambda_m\}$ 为机会移动网络中沿着每一条机会转发路径的每个连接的节点对的接触率(或者接触频率)。在占空比机会移动网络中，因为两个节点之间的每次接触都有一个节点对接触发现概率，因此相应的每条边的权重就变为 $\{P_c(1)\lambda_1,P_c(2)\lambda_2,\cdots,P_c(m)\lambda_m\}$。

当 $m=1$ 时，也就是源节点 $S$ 和目的节点 $D$ 之间有直接的连接边时，节点集合就会变为 $\{S,D\}$，相应的边的权重为 $\lambda_{SD}$。在占空比机会移动网络中，两个节点 $R_{i-1}$ 和 $R_i$ 之间的接触时间间隔 $X_i'$ 服从指数分布，其概率分布函数可以表示为 $f_{X_i'}(t)=P_c(i)\lambda_i\,e^{-P_c(i)\lambda_it}$。因此，在占空比机会移动网络中，一个从源节点 $S$ 发送的数据包沿着机会转发路径 $l$ 传输到目的节点 $D$ 所需要的总时间为 $Y_l=\sum_{i=1}^{m}X_i'$，并且其概率密度函数 $f_{Y_l}(t)$ 可以用如下公式计算：

$$f_{Y_l}(t)=f_{X_1'}(t)\otimes f_{X_2'}(t)\otimes\cdots\otimes f_{X_m'}(t) \tag{4.18}$$

接下来，根据参考文献[36]中的理论结果，可以得到如下的定理。

定理 4.1    对于某一条跳数为 $m$ 的机会转发路径 $l$，其边的权重为 $\{P_c(1)\lambda_1,P_c(2)\lambda_2,\cdots,P_c(m)\lambda_m\}$，并且 $m>1$，那么 $f_{Y_l}(t)$ 可以表示为

$$f_{Y_l}(t)=\sum_{i=1}^{m}C_i^m f_{X_i'}(t) \tag{4.19}$$

其中，系数的表达式如下：

$$C_i^m=\prod_{j=1,j\neq i}^{m}\frac{P_c(j)\lambda_j}{P_c(j)\lambda_j-P_c(i)\lambda_i} \tag{4.20}$$

基于 $f_{Y_l}(t)$ 的表达式，可以得到在占空比机会移动网络中，在时间 $T_0$ 内一个从源节点 $S$ 发送的数据包，沿着机会转发路径 $l$ 传输到目的节点 $D$ 的概率可以表示为

$$\mathrm{Pr}_{Y_l}(T_0) = P(Y_l < T_0) = \int_0^{T_0} f_{Y_l}(t)\,\mathrm{d}t$$

$$= \sum_{i=1}^{m} C_i^m (1 - \mathrm{e}^{-P_c(i)\lambda_i T_0}) \tag{4.21}$$

在占空比机会移动网络中，如果源节点 $S$ 和目的节点 $D$ 之间有直接的连接边时，也就是当 $m = 1$ 时，在时间 $T_0$ 内一个从源节点 $S$ 发送的数据包沿着机会转发路径 $l$ 传输到目的节点 $D$ 的概率可以表示为

$$\mathrm{Pr}_{Y_l}(T_0) = P(Y_l < T_0) = \int_0^{T_0} P_c(SD)\lambda_{SD}\,\mathrm{e}^{-P_c(SD)\lambda_{SD}t}\,\mathrm{d}t$$

$$= 1 - \mathrm{e}^{-P_c(SD)\lambda_{SD}T_0} \tag{4.22}$$

其中，$P_c(SD)$ 为节点对 $S$ 和 $D$ 之间的接触发现概率。

### 4.5.3  基于最大化数据包递送概率的转发策略

在得到占空比机会移动网络中数据包沿着一条特定的机会转发路径的递送概率后，这一部分介绍为占空比机会移动网络设计的数据包转发策略。这里用两个节点 $A$ 和 $B$ 作为例子。当节点 $A$ 遇到节点 $B$ 时，假设节点 $A$ 有一份从源节点 $S$ 传递到目的节点 $D$ 的数据包，数据包的剩余生存时间为 $T_r$，然后节点 $A$ 必须要决定是否转发一份数据包给节点 $B$。节点 $A$ 和目的节点 $D$ 之间总共有 $L_A$ 条机会转发路径，节点 $B$ 和目的节点 $D$ 之间则总共有 $L_B$ 条机会转发路径，并且每条机会转发路径都有一个数据包递送概率。因此，在占空比机会移动网络中，可以利用 $\mathrm{Pr}_{max}^{AD}(T_r)$ 和 $\mathrm{Pr}_{max}^{BD}(T_r)$ 来分别代表这 $L_A$ 条机会转发路径和 $L_B$ 条机会转发路径的最大数据包递送概率，它们的表达式分别为

$$\mathrm{Pr}_{max}^{AD}(T_r) = \max\{\mathrm{Pr}_{Y_1}^{AD}(T_r), \mathrm{Pr}_{Y_2}^{AD}(T_r), \cdots, \mathrm{Pr}_{Y_{L_A}}^{AD}(T_r)\} \tag{4.23}$$

$$\mathrm{Pr}_{max}^{BD}(T_r) = \max\{\mathrm{Pr}_{Y_1}^{BD}(T_r), \mathrm{Pr}_{Y_2}^{BD}(T_r), \cdots, \mathrm{Pr}_{Y_{L_B}}^{BD}(T_r)\} \tag{4.24}$$

接下来，使用最大数据包递送概率作为数据包的转发指标，并且介绍所提出的数据包转发策略。算法 4.1 中的伪代码从一个节点的角度介绍了所提出的数据包转发策略的基本操作。当节点 $A$ 遇到节点 $B$ 时，它们首先比较在彼此缓存中的每个数据包的最大数据包递送概率，

其次缓存数据中的最大数据包递送概率较小的一个节点将其数据包转发给相应的最大数据包递送概率较大的一个节点。

---

**算法 4.1**　基于最大化数据包递送概率的转发策略(Maximum)

当节点 $A$ 遇到节点 $B$ 时，

for 某一个在节点 $A$ 缓存中的数据包 data，其剩余生存时间为 $T_r$, do

    if 节点 $B$ 的缓存中没有这个数据包, then

        If data.destination==$B$ 或者 data.$\mathrm{Pr}_{\max}^{BD}(T_r) >$ data.$\mathrm{Pr}_{\max}^{AD}(T_r)$, then

            $A$ 转发一份数据包 data 给节点 $B$

        End if

    End if

End for

节点 $B$ 和节点 $A$ 一样做相同的循环

---

# 4.6　性　能　评　估

这一节主要对提出的数据包转发策略进行评估，并且研究一些参数对所提出的数据包转发策略的影响。在这里，用 Maximum 代表所提出的数据包转发策略。

## 4.6.1　仿真实验设置

这个部分旨在评估所提出的数据包转发策略 Maximum 的递送率 (delivery ratio) 和递送开销 (delivery cost)。递送率是指网络中的数据包被成功递送到目的节点的比例，递送开销是指被节点转发到网络中的平均数据包的份数。本章没有考虑递送延时，只考虑了数据包是否在生存时间内递送成功。在仿真实验中，主要把以下三种数据转发策略和所提出的数据转发策略 Maximum 进行了比较。

(1) 传染路由：数据包被简单地洪泛到网络中的节点。

(2) Bubble Rap：数据包首先被转发给具有更大全局中心性的节点。当数据包被转发给和目的节点具有相同社区的节点时，接下来节点的本地中心性将会替代全局中心性作为转发指标，数据包就这样一直转发直到递送给目的节点或者数据包已经过期。

（3）Prophet：网络中的节点利用过去的接触历史记录去预测和一个节点再次接触的概率，并且数据包传递给那些和目的节点有更大的接触概率的节点。

本章也使用两个从真实环境中采集到的真实移动数据集，即 Infocom 06[146]和 MIT Reality[147]来评估上面选出的数据包转发策略和 Maximum 的性能。

## 4.6.2　性能比较

这一部分分别在两个数据集 Infocom 06 和 MIT Reality 中比较上面选出的数据包转发策略和所提出的数据包转发策略的性能。在这里，传染路由具有最好的递送率和最差的递送开销。这是因为传染路由总是可以找到最好的机会转发路径从而到达目的节点，但是因为数据都是简单地洪泛到网络中的节点，所以传染路由的开销总是很大。因此，Maximum 的目标是在递送率尽可能地接近传染路由的情况下，尽可能地减少数据在传输过程中的递送开销。

图 4.7 给出了在 Infocom 06 数据集中，当 $T$ 为 10min 和剩余生存时间为 1h 时，Maximum 和其他现有的数据转发策略的性能比较。从图中可以看出，占空比（$T_{on}/T$）对递送率和递送开销的影响均较大。当占空比从 10%增加到 90%时，不同数据包传递策略的递送率和递送开销都在增加，特别是当占空比小于 50%时。这是因为当占空比增加时，就会有更少的接触被错失掉，或者当占空比增加时，就会有更多的有效接触可以被用来传递数据包，从而导致递送率和递送开销的增加；再者，随着占空比的增加，和预测的一样，传染路由具有最好的递送率和最差的递送开销。虽然相比 Maximum，传染路由具有更大的递送率，但是传染路由的递送开销却是 Maximum 的 3～5 倍，而传染路由的递送率却只比 Maximum 增加了 10%～15%。Maximum 的递送率要比 Bubble Rap 和 Prophet 都大，并且 Maximum 的递送开销只是略微大于 Bubble Rap 的递送开销。造成这个结果的主要原因是 Maximum 考虑了占空比机会移动网络中的节点接触模式，并且设法将数据包沿着可以最大化数据传递概率的路径转发。因此，Maximum 能够在递送

开销很小的情况下，达到一个比较大的递送率。值得注意的是，在占空比机会移动网络中，Bubble Rap 的递送率表现最差，尽管它的递送开销也很小。其主要原因是 Bubble Rap 是一种利用节点接触模式为机会移动网络设计的路由协议，但是占空比机会移动网络中节点间的接触模式和机会移动网络中节点间的接触模式却有很大的不同。因此机会移动网络中节点的社会关系不适合占空比机会移动网络中节点的社会关系，从而导致在占空比机会移动网络中很难找到一条很好的到达目的节点的机会转发路径。

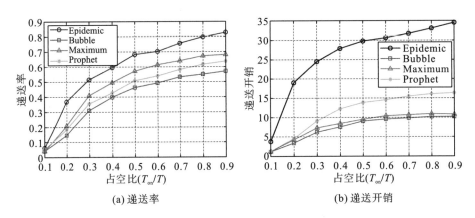

(a) 递送率                                      (b) 递送开销

图 4.7　在 Infocom 06 数据集中，Maximum 和其他数据转发策略的性能比较

　　图 4.8 显示了在 MIT Reality 数据集中，当 $T$ 为 20min 和剩余生存时间为 5d 时，Maximum 和其他现有的数据转发策略的性能比较。从图中可以看出，占空比 ($T_{on} / T$) 对递送率和递送开销的影响也很大；再者，随着占空比的增加，和预期的一样，传染路由的递送率最大，相应的递送开销也是最大的，而 Maximum 的递送率要比 Bubble Rap 和 Prophet 的都大，并且 Maximum 的递送开销只是略微大于 Bubble Rap 的递送开销。和图 4.7 中的结果相比，图 4.8 中 Prophet 的递送开销减少了很多。其主要原因是相比 Infocom 06 数据集中节点的接触，MIT Reality 中节点的接触要更加稀疏，特别是当占空比操作应用于机会移动网络中时。因此，这就造成 Prophet 协议中的节点很难通过比较节点到目的节点的概率来做转发决策，从而导致 Prophet 协议递送开销的减少。

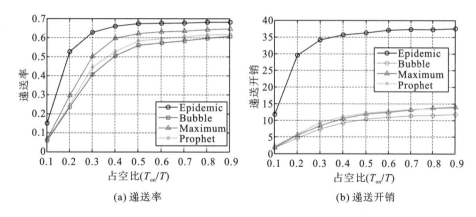

图 4.8　在 MIT Reality 数据集中，Maximum 和其他数据转发策略的性能比较

综上所述，Infocom 06 和 MIT Reality 两个数据集中的递送率和递送开销都和占空比有着很大的关系。不同场景下 Maximum 的递送率要比 Bubble Rap 和 Prophet 的都大，并且 Maximum 的递送开销只是稍微大于 Bubble Rap 的递送开销。因此，和现有的其他的数据转发策略相比，Maximum 要更加高效且更适合于占空比机会移动网络。

### 4.6.3　参数 $T$ 的影响

这一部分旨在分析参数 $T$ 对于 Maximum 性能的影响。在 Infocom 06 数据集中，我们做了相关的实验去查看当参数 $T$ 不同时，对于 Maximum 性能的影响。

图 4.9 显示了在 Infocom 06 数据集中，参数 $T$ 对 Maximum 性能的影响。从图中可以看出，当 $T$ 从 2min 增加到 10min 时，Maximum 的递送率和递送开销都在减小。其主要原因是接触发现概率随着 $T$ 的增加而减小。因此，当 $T$ 增加时，更多的接触会被错失掉，或者更少的接触可以被用来交换数据，从而导致递送率和递送开销的减少。

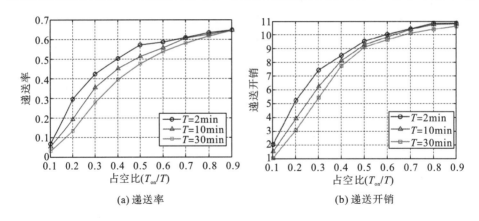

(a) 递送率                        (b) 递送开销

图 4.9　在 Infocom 06 数据集中参数 $T$ 对 Maximum 性能的影响

综上所述，$T$ 对 Maximum 的性能有着重要的影响。虽然增加 $T$ 的值可以减少 Maximum 的递送开销，但是也相应地减小了 Maximum 的递送率。因此，这里应该根据不同的应用场景合理地选择 $T$ 值。

## 4.7　本 章 小 结

本章研究了占空比机会移动网络中节点间接触过程的建模问题，并且分析了在不同场景下能量消耗和接触发现概率之间的关系；再者，基于提出的理论模型，为占空比机会移动网络设计了一种新的数据转发策略 Maximum。Maximum 使用节点间的接触模式去设计数据转发策略，并且设法将数据包沿着可以最大化数据传递概率的路径转发。大量基于真实数据集的仿真实验结果表明，Maximum 和传染路由的递送率很接近，但是却极大地降低了递送开销。另外，Maximum 的递送率比 Bubble Rap 协议和 Prophet 协议高，但是其相应的递送开销却只是略微大于 Bubble Rap 的递送开销。

# 第 5 章　机会移动网络中基于
# 激励驱动的数据分发机制

近年来，基于发表/订阅 (publish/subscribe) 的数据服务以其灵活性和适应性在机会移动网络中得到了越来越多的关注。机会移动网络中的节点是由人控制的，节点通常只会自私地最大化自己获得的收益而不会去考虑别人的表现。因此，如何激励机会移动网络中的节点去高效地收集、储存并分享数据，就成为机会移动网络中此项研究所面临的重大挑战。同时，如何保证数据的新鲜也是机会移动网络中数据分发的一项重大挑战。为了解决以上问题，本章提出了一种适用于自私机会移动网络的基于激励驱动的发布/订阅数据分发机制。该机制采用"针锋相对" (tit-for-tat, TFT) 机制来激励网络中的节点进行互相合作。同时，该机制也提出了一种新颖的数据交换协议来实现两节点接触过程中的数据交换，其目的是最大化每个节点缓存中所储存数据的效用值。具体来说，在每次接触过程中，数据交换的顺序由数据的效用值决定，而数据的效用值则由直接订阅值和间接订阅值来计算。在大量基于真实数据集的性能评估中，本章提出的机制在总新鲜值 (total freshness value)、总递送数据 (total delivered contents) 和总递送开销 (total transmission cost) 方面都优于已有机制。

## 5.1　引　　言

基于发表/订阅的数据服务是一种为机会移动网络中的节点提供数据服务的很有前途的技术，其中机会移动网络由一些具有自组织无线通信能力的无线便携设备组成[30, 31, 35, 129, 141]。由于发表/订阅机制中解耦的源节点和目的节点之间有着稳定的绑定关系，所以当处理高度动态的网络拓扑时，发表/订阅机制具有很高的灵活性和适应性，这就给机会移动网络中的数据分发提供了极大的便利。因此，在机会移动网络中就有很大的需求去研究基于发表/订阅的数据服务机制。

发表/订阅机制中的数据被分为多个信道(channel)，每个信道代表一种类型的数据，其目标是将数据从发布者递送到订阅者[32, 33, 57]。在这里，订阅者也就是数据消耗者，在不知道数据产生节点 ID 的情况下发布它们对某些数据的兴趣，而且它们对这些数据的兴趣在很长时间内一般是稳定的；发布者也就是数据产生者，在不知道目的节点 ID 的情况下去产生数据。图 5.1 给出了一个机会移动网络中基于发布/订阅机制的数据分发示例。从图中可以看出，数据被分为多个信道，如交通信息、体育信息、天气预报等，网络中的节点可以通过一些机会性的接触获得订阅的数据。例如，图中的节点 1 发布了"浙大路交通堵塞"的信息到网络中，其订阅的信道为工业广告和财经信息。因为订阅了交通信息信道的节点 2 正和节点 1 接触，并且"浙大路交通堵塞"属于交通信息信道，所以节点 2 可以从节点 1 得到这个消息。

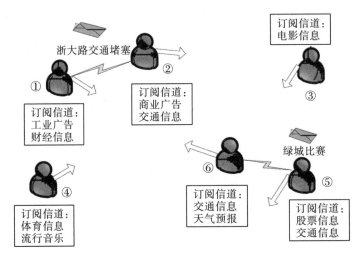

图 5.1　机会移动网络中基于发布/订阅机制的数据分发示例

以上的例子只是给出了当网络中的节点是互相合作的场景，也就是网络中的节点能够从彼此得到订阅的数据，而不需要给对方任何东西。本章考虑网络中的节点都是自私的。事实上，这种自私行为在现实生活中是极为普遍的，尤其当网络的节点是被理性的个体控制时，如人或者组织等[100]。如果网络中的节点是自私的，它唯一的目标就是最大化自己的收益，而不会愿意贡献自己的资源(如内存空间、传输带宽、能量等)给网络中的其他节点。因此，为了激励机会移动网络中节点间的合作，需要有适当的激励机制来促进节点间的合作，从而避免"完全抵制"和"搭便车"等极端现象的发生[101]。激励机制已经在互联网、移动自组织网络及对等网络中被广泛研究过[102, 105]。大部分解决自私行为的现有工作可概括为：基于名誉的[102]、基于货币的[105]和基于TFT 模式的[156, 157]三类。TFT 模式是不需要检测的信任节点、安全的硬件、或者一个可信的集中式银行。该类模式只需要节点对彼此之间的数据交换是等量互换的，这很容易在间歇性连接的机会移动网络中去实施。因此，本章旨在提出一种适用于自私机会移动网络的基于激励驱动的发表/订阅数据分发机制，或称 ConDis (content dissemination)，其中TFT 模式作为激励措施去激励节点间的合作。ConDis 将数据的新鲜值也考虑了进去，这是因为对于某一个订阅节点来说，一个发布数据的满意度在不同的时间是不同的。例如，如果节点 1 在节点 2 发表"浙大路交通堵塞"信息的同时就得到了这个消息，那么节点 1 对于这个数据的满意度就很高。但是，如果节点 1 在这个消息将要过期的时候得到它，那么节点 1 对于这个数据的满意度就很低。这是因为当前的数据对于节点来说更加有用。

在 TFT 模式下，当网络中的每个节点对在交易时，必须提供等量的数据给对方。因此，为了和其他节点进行交易，网络中的节点必须利用它们的缓存去为网络中的其他节点存储一些数据[59, 100]。因为每个节点的存储空间是有限的，并且每个数据对于不同节点的重要性是不同的，因此网络中的节点必须选择存储一些对它们有用的数据。一个有趣的优化问题出来了：为了从网络中得到尽可能多的订阅数据，并且保证这些数据的新鲜，网络中的节点在存储空间有限的情况下，如何在 TFT 模式下去存储和交易数据？

为了解决这个问题，本章所提出的机制介绍了一种新颖的数据交换协议来实现两节点在接触过程中的数据交换。具体来说，在每次接触过程中，数据交换的顺序是由其数据效用决定的，它代表了一个数据对于某个节点的重要性。直观来说，某一个数据对于某一个节点的效用应该取决于当前节点的两类一跳邻居节点。第一类是对这个数据感兴趣并且还没有得到这个数据的节点；第二类是对这个数据不感兴趣并且还没有得到这个数据的节点。从现实生活中的交易来说，第一类节点绝对会选择与当前节点进行交易，因为它们对这个数据感兴趣并且还没有得到这个数据。同时，第二类节点也可能会选择与当前节点进行交易，这是因为它们自己的一跳邻居节点中有很多节点也对这个数据感兴趣。因此，在数据效用的定义中，仅需要考虑这两类节点，并且网络中节点的目的就是最大化其缓存中储存数据的效用值。

本章工作的创新点和主要贡献如下。

(1)为自私机会移动网络提出了一种基于激励驱动的发表/订阅数据分发机制 ConDis，其中 TFT 模式作为激励措施去激励自私机会移动网络中节点间的合作。

(2)为了提高本章所提出机制的性能，设计了一种新颖的数据交换协议来实现两节点在接触过程中的数据交换。具体来说，在每次接触过程中，数据交换的顺序由每个数据的效用值决定，而数据的效用值则由直接订阅值和间接订阅值来进行计算，每个节点进行数据交换的目的就是为了最大化其缓存中储存数据的效用值。

(3)本章用大量基于真实数据集的仿真实验来评估 ConDis 的性能。实验结果表明 ConDis 在总新鲜值、总传递数据和总传输开销方面都优于已有机制。

本章组织安排如下：5.2 节介绍节点的接触模型、信道和数据模型及一些假设；5.3 节介绍所提出机制的体系结构(5.3.1)、所提机制中数据效用值的具体计算过程(5.3.2)和具体的数据交换协议(5.3.3)；5.4 节通过大量的基于真实数据集的仿真实验评估了本章所提出机制及其他现有机制的性能；5.5 节对本章进行了总结。

## 5.2 模型和假设

本节简要介绍节点的接触模型、信道和数据模型及与 ConDis 相关的几点假设。

## 5.2.1 节点的接触模型

最近，机会移动网络中的一些研究结果[36, 153]表明，真实数据集中节点对之间的接触时间间隔服从指数分布。基于以上的研究结果，本章也假设机会移动网络中的节点对之间的接触时间间隔也服从指数分布。因此，任意两个节点 $i$ 和 $j$ 之间的接触就成为一个齐次泊松过程，其中接触频率为 $\lambda_{ij}$。

## 5.2.2 信道和数据模型

在发布/订阅数据分发机制中，网络中的节点需要先以某种方式表达自己对不同 (类型) 数据的兴趣，并且订阅相应的信道。本章借用信道[96]的概念将数据进行分类。网络中的节点可以对多个信道进行订阅。在这里，本章对订阅信道的识别是基于订阅关键词和信道的描述 (通常也是以关键词的形式) 进行匹配的。上述关键词匹配模型比较适合于本章研究的发布/订阅数据分发机制，因为网络中的节点可能并不清楚其寻找的具体内容，但是却对和某些关键词匹配的内容都感兴趣。为简便起见，本章假设网络中总共的信道数目为 $C$，并且节点发布的每一个数据只属于一个信道；再者，本章假设网络中的每个节点在开始时就订阅了相应的感兴趣的信道，并且在网络运行过程中不会改变其订阅的信道。

在发布/订阅数据分发机制中，网络中的每个节点既可以是订阅者，也可以是发布者，或者既是订阅者又是发布者。每个发布的数据都包括 $(d、c、T_d、T)$，其中 $d$ 为数据的序列号；$c$ 为该数据所属信道的序列号；$T_d$ 为数据的产生时间；$T$ 为数据的生存时间 (time-to-live, TTL)。每个发布的数据也包括一些用来描述它的关键词。当一个数据被发布到网络中后，相应的发布者会将其存储到自己的缓存中，从而和其他节点进行交易。

## 5.2.3 假设

不失一般性，本章假设网络中节点的存储量大小相等，都为 $B$；

再者，网络中产生的数据都有相同的大小。因此，当节点彼此之间交易数据时，仅需要计算交易数据的个数就可以了。最后，假设节点对之间每一次的接触时长都足够长，从而可以完成数据交易。

## 5.3  提出的机制——ConDis

本节首先介绍所提出机制 ConDis 的体系结构，然后给出数据效用值的具体计算方法，其中包括接触概率和期望延时。最后，本节介绍当节点处于接触时的数据交换协议。

### 5.3.1  ConDis 的体系结构

这个部分介绍本章所提出机制 ConDis 的体系结构，如图 5.2 所示。它包括以下四个部分。

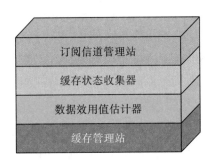

图 5.2  机制 ConDis 的体系结构

1. 订阅信道管理站

每个节点的订阅信道管理站管理着被其一跳邻居节点订阅的信道信息，以及自己订阅的信道信息，将这两者合并就可以得到一个订阅信道的列表。

2. 缓存状态收集器

每个节点的缓存状态收集器负责收集存储在其一跳邻居节点的数据信息，以及自己存储的数据信息，将这两者合并就可以得到一个缓存状态的列表。假设在缓存中的每个数据都由一个元数据(metadata)来表示，它包括所属的节点 ID、数据序列号($d$)、所属的信道($c$)，产生的时间($T_d$)及生存时间。用 $W_i$ 代表存储在节点 $i$ 和其一跳邻居节点缓存中的数据的元数据的集合，节点 $i$ 每次在遇到新节点时或者储存在其缓存中的数据变化时更新 $W_i$。

### 3. 数据效用值估计器

每个数据在其被网络中的某一个节点发布时，都有一个初始的新鲜值 $V$。不失一般性，假设某一个数据对于某一个订阅节点的新鲜值会随着时间的流逝而减少，而对于某一个没有订阅该数据的节点，数据的新鲜值则为 0；再者，当数据的生存时间过期时，相应的新鲜值也为 0。因此，某一个数据 $d$ 对于某一个订阅节点 $i$ 的新鲜值可以表示为

$$v_i(d) = \frac{R_d V}{T} \tag{5.1}$$

其中，$R_d$ 为数据 $d$ 的剩余生存时间，它可以由当前时间、数据的产生时间及生存时间来计算；$T$ 为数据 $d$ 的剩余生存时间。

在 TFT 模式下，为了和其他节点进行交易，网络中的节点需要在它们的缓存中存储一些数据。但是，因为每个数据对于不同节点的重要性是不同的，而且节点的缓存大小是有限的，所以节点必须选择储存一些对自己有用的数据。这里，某一个数据对于某一个节点是否有用取决于其邻居节点。具体地，可拿属于信道 $c$ 的数据 $d$ 对于节点 $i$ 为例。如图 5.3 所示，分别用 $N_i^1$ 和 $N_i^2$ 来表示节点 $i$ 的一跳和二跳邻居节点，并且将节点 $i$ 的一跳邻居节点分为三类：第一类是那些订阅了信道 $c$，并且还没有得到数据 $d$ 的节点，用 $N_i^1(c)$ 来表示；第二类是那些没有订阅信道 $c$，并且还没有得到数据 $d$ 的节点，用 $M_i^1(c)$ 来表示；第三类是那些已经得到数据 $d$ 的节点，用 $L_i^1(d)$ 来表示。从现实生活中的交易来说，第一类节点肯定会选择和节点 $i$ 进行交易，因为它们订阅了信道 $c$，并且还没有得到数据 $d$。因此，在数据效用值的定义中，把这部分贡献的值叫作直接订阅值。如果第二类节点中有很多它们的一跳邻居节点也订阅了信道 $c$，那么它们也有可能会选择和节点 $i$ 进行

交易。这是因为它们可以使用数据 $d$ 去和它们的邻居节点进行交易。类似地，把这一部分贡献的值叫作间接订阅值。第三类节点肯定不会选择和节点 $i$ 进行交易，因为它们已经得到了数据 $d$。因此，在数据 $d$ 对于节点 $i$ 的效用值的定义中，只需要将节点 $i$ 的一跳邻居节点中的第一类和第二类节点考虑进去。综上所述，数据 $d$ 对于节点 $i$ 的效用值可以表示为

$$U_i(d) = wU_{\mathrm{di}}(d) + (1-w)U_{\mathrm{indi}}(d) \tag{5.2}$$

其中，$U_{\mathrm{di}}(d)$ 为直接订阅值；$U_{\mathrm{indi}}(d)$ 间接订阅值；$w$ 在[0,1]的范围内，并且 $w$ 和 $1-w$ 分别为直接订阅值和间接订阅值的权重。

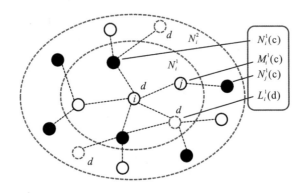

图 5.3　属于信道 $c$ 的某一个数据 $d$ 对于节点 $i$ 的效用值定义

如图 5.3 所示，如果节点 $j \in N_i^1(c)$ 并且 $j$ 的其他一跳邻居节点已经得到了数据 $d$，那么节点 $j$ 也可以从其他的一跳邻居节点中得到这个数据，对于节点 $i$ 来说，这将会降低数据 $d$ 的直接订阅值。因此，在计算 $U_{\mathrm{di}}(d)$ 的过程中，也要将这种情况考虑进去；再者，为了保证数据 $d$ 对于那些订阅节点来说是新鲜的，这里将直接订阅值 $U_{\mathrm{di}}(d)$ 表示为

$$U_{\mathrm{di}}(d) = \sum_{j \in N_i^1(c)} \frac{(R_d - \mathrm{ED}_{ij})V}{T} \prod_{k \in L_j^1(d)} [1 - \mathrm{Pr}_{jk}(R_d)] \tag{5.3}$$

其中，$N_i^1(c)$ 为节点 $i$ 的一跳邻居节点中订阅了信道 $c$ 并且还没有得到数据 $d$ 的节点集合；$\mathrm{ED}_{ij}$ 为将数据 $d$ 从节点 $i$ 传送到节点 $j$ 的期望延时；$L_j^1(d)$ 为节点 $j$ 的一跳邻居节点中已经得到数据 $d$ 的节点集合；$\mathrm{Pr}_{jk}(R_d)$ 为节点 $j$ 和节点 $k$ 在数据 $d$ 的剩余生存时间 $R_d$ 内的接触概率。

类似地，如图 5.3 所示，节点 $i$ 订阅了信道 $c$ 的两跳邻居节点；那么间接订阅值 $U_{\text{indi}}(d)$ 可以表示为

$$U_{\text{indi}}(d) = \sum_{j \in M_i^1(c)} \sum_{k \in N_j^1(c)} \frac{(R_d - ED_{ik}^j)V}{T} \tag{5.4}$$

其中，$M_i^1(c)$ 为节点 $i$ 的一跳邻居节点中没有订阅信道 $c$ 的节点集合；$N_j^1(c)$ 为节点 $j$ 的一跳邻居节点中订阅了信道 $c$ 并且还没有得到数据 $d$ 的节点集合；$ED_{ik}^j$ 为通过节点 $j$ 将数据 $d$ 从节点 $i$ 传输到节点 $k$ 的期望延时。值得注意的是，在计算间接订阅值的过程中，本章没有将节点 $k$ 的其他一跳邻居节点考虑进去。这是因为对于节点 $i$ 来说，它很难得到节点 $k$ 的一跳邻居节点的缓存状态信息，或者即使得到了，这些信息也会不准确。

将式 (5.3) 和式 (5.4) 代入式 (5.2) 中，可以得到属于信道 $c$ 的数据 $d$ 对于节点 $i$ 的效用值，可以表示为

$$\begin{aligned} U_i(d) = & w \sum_{j \in N_i^1(c)} \frac{(R_d - ED_{ij})V}{T} \prod_{k \in L_j^1(d)} [1 - Pr_{jk}(R_d)] \\ & + (1-w) \sum_{j \in M_i^1(c)} \sum_{k \in N_j^1(c)} \frac{(R_d - ED_{ik}^j)V}{T} \end{aligned} \tag{5.5}$$

为了得到属于信道 $c$ 的数据 $d$ 对于节点 $i$ 的效用值，必须首先计算接触概率 $Pr_{jk}(R_d)$、期望延时 $ED_{ij}$ 和 $ED_{ik}^j$。因此，在下面的部分中，会介绍 $Pr_{jk}(R_d)$、$ED_{ij}$ 和 $ED_{ik}^j$ 的具体计算过程。

### 4. 缓存管理站

每个数据对于不同节点的重要性是不同的，而且节点的缓存大小是有限的，节点必须选择一些对自己有用的数据去储存。因此，为了得到尽可能多的订阅数据，并且保证这些订阅数据的新鲜，网络中节点的目标就是最大化其缓存中数据的效用期望值，优化目标可以表示为

$$\text{Max } U_i = \sum_{c=1}^{C} \left[ \sum_{d \in \theta(c)} U_i(d) - \sum_{d \in \varphi(c)} U_i(d) \right] \tag{5.6}$$

其中，$U_i$ 为节点 $i$ 的效用函数；$C$ 为总共的信道数量；$\theta(c)$ 和 $\varphi(c)$ 分别为在交易后及交易前在它们的缓存中属于信道 $c$ 的数据的集合。

　　一个节点的缓存管理主要基于数据的效用值。当一个新的数据被交换到当前节点时，节点会根据数据的效用值去决定数据在缓存中的位置。如果当前节点的缓存已经满了，那么具有更大效用值的数据将会占据具有较小效用值的数据的位置；再者，已经过期的数据会直接从缓存中删除掉，即使有空闲的缓存空间。

## 5.3.2　计算数据效用值

　　这个部分介绍数据效用值定义中的接触概率和期望延时的计算过程。

　　1. 接触概率预测

　　如 5.2 节所述，真实数据集中节点对之间的接触时间间隔服从指数分布。节点 $i$ 和 $j$ 之间的接触频率可以通过如下的时间平均方式计算：

$$\lambda_{ij} = \frac{n}{\sum_{l=1}^{n} T_{ij}^{l}} \tag{5.7}$$

其中，$T_{ij}^{1}, T_{ij}^{2}, \cdots, T_{ij}^{n}$ 为节点 $i$ 和 $j$ 之间的接触时间间隔样本。

　　因此，节点 $i$ 和 $j$ 之间的接触时间间隔 $X_{ij}$ 的概率分布函数可以表示为

$$f_{X_{ij}}(x) = \lambda_{ij}\, \mathrm{e}^{-\lambda_{ij} x} \tag{5.8}$$

　　然后，节点 $i$ 和 $j$ 之间在数据 $d$ 的剩余生存时间 $R_d$ 内的接触概率可以表示为

$$\mathrm{Pr}_{ij}(R_d) = \mathrm{Pr}(X_{ij} \leqslant R_d) = \int_0^{R_d} f_{X_{ij}}(x)\,\mathrm{d}x = 1 - \mathrm{e}^{-\lambda_{ij} R_d} \tag{5.9}$$

　　2. 期望延时预测

　　基于式(5.8)，某一个数据从节点 $i$ 传输到节点 $j$ 的期望延时可以用如下式子计算：

$$\mathrm{ED}_{ij} = E[X_{ij}] = \int_0^{\infty} x f_{X_{ij}}(x)\,\mathrm{d}x = \frac{1}{\lambda_{ij}} \tag{5.10}$$

在得到将某一个数据从节点 $i$ 传输到节点 $j$ 的期望延时 $\mathrm{ED}_{ij}$ 后，下一步会计算通过节点 $j$ 将某一个数据从节点 $i$ 传输到节点 $k$ 的期望延时 $\mathrm{ED}_{ik}^{j}$。值得注意的是，将某一个数据从节点 $i$ 传输到节点 $k$ 的总的时间为 $X_{ik}^{j} = X_{ij} + X_{jk}$，其中 $X_{ij}$ 为将这个数据从节点 $i$ 传输到节点 $j$ 所用的时间；$X_{jk}$ 为将这个数据从节点 $j$ 传输到节点 $k$ 所用的时间。因为节点对之间的接触时间间隔服从指数分布，所以可以得到 $X_{ij}$ 也是服从参数为 $\lambda_{ij}$ 的指数分布的。根据指数分布的无记忆性，$X_{jk}$ 也是服从参数为 $\lambda_{jk}$ 的指数分布的。因此，基于式 (5.8)，概率分布函数 $f_{X_{ik}^{j}}(t)$ 可以表示为

$$
\begin{aligned}
f_{X_{ik}^{j}}(x) &= f_{X_{ij}}(x) \otimes f_{X_{jk}}(x) \\
&= \lambda_{ij}\lambda_{jk} \int_{0}^{x} \mathrm{e}^{-(\lambda_{ij}-\lambda_{jk})t}\, \mathrm{e}^{-\lambda_{jk}t}\, \mathrm{d}t \\
&= \frac{\lambda_{ij}\lambda_{jk}(\mathrm{e}^{-\lambda_{ij}x} - \mathrm{e}^{-\lambda_{jk}x})}{\lambda_{jk} - \lambda_{ij}}
\end{aligned}
\tag{5.11}
$$

其中，$\otimes$ 为卷积操作；$f_{X_{ij}}(x)$ 为节点 $i$ 和 $j$ 之间的接触时间间隔 $X_{ij}$ 的概率分布函数；$f_{X_{jk}}(x)$ 为节点 $j$ 和 $k$ 之间的接触时间间隔 $X_{jk}$ 的概率分布函数。

因此，通过节点 $j$ 将某一个数据从节点 $i$ 传输到节点 $k$ 的期望延时 $\mathrm{ED}_{ik}^{j}$ 可以表示为

$$
\begin{aligned}
\mathrm{ED}_{ik}^{j} &= E[X_{ik}^{j}] = \int_{0}^{\infty} x f_{X_{ik}^{j}}(x)\,\mathrm{d}x \\
&= \int_{0}^{\infty} \frac{x\lambda_{ij}\lambda_{jk}(\mathrm{e}^{-\lambda_{ij}x} - \mathrm{e}^{-\lambda_{jk}x})}{\lambda_{jk} - \lambda_{ij}}\,\mathrm{d}x \\
&= \frac{\lambda_{ij} + \lambda_{jk}}{\lambda_{ij}\lambda_{jk}}
\end{aligned}
\tag{5.12}
$$

将式 (5.9) 和式 (5.10) 及式 (5.12) 代入式 (5.5) 中，可以通过如下的式子来计算属于信道 $c$ 的数据 $d$ 对于节点 $i$ 的效用值：

$$U_i(d) = w \sum_{j \in N_i^1(c)} \frac{\left(R_d - \dfrac{1}{\lambda_{ij}}\right)V}{T} \prod_{k \in L_j^1(d)} e^{-\lambda_{jk}R_d}$$

$$+ (1-w) \sum_{j \in M_i^1(c)} \sum_{k \in N_j^1(c)} \frac{\left(R_d - \dfrac{\lambda_{ij} + \lambda_{jk}}{\lambda_{ij}\lambda_{jk}}\right)V}{T} \qquad (5.13)$$

### 5.3.3　数据交换协议

基于以上的模型和假设及定义，将所提出机制 ConDis 概述如下。以节点 $i$ 和 $j$ 作为例子来说。当节点 $i$ 遇到 $j$ 时，节点 $i$ 需要决定是否和节点 $j$ 交换数据。如果在节点 $j$ 的缓存中有一些对节点 $i$ 有用的数据，例如，一些被节点 $i$ 订阅的数据或者一些可以增加节点 $i$ 的缓存中的数据效用值的数据，那么节点 $i$ 就会选择和节点 $j$ 进行交换。从现实生活中交易的角度来说，节点 $i$ 会优先得到具有高的新鲜值的订阅数据，其次会设法获得可以增加其缓存中数据效用值的数据。综上所述，ConDis 的工作过程可概括为以下五个步骤。

(1) 当节点 $i$ 遇到节点 $j$ 时，节点 $i$ 首先会发送一个控制消息给节点 $j$，其中包括订阅的信道列表(包括自己的和邻居节点的)和它的一跳邻居节点的接触频率，以及集合 $W_i$(其中包括储存在自己缓存中和其一跳邻居节点中的数据的元数据)。节点 $j$ 也会发送一个类似的控制消息给节点 $i$。

(2) 当节点 $i$ 接收到一条从节点 $j$ 发送来的控制消息后，它会首先用从节点 $j$ 发送来的新的控制消息去更新过去存储的旧的控制消息。然后，它会创建一个集合 $S_i$ 去代表那些集合 $W_i$ 中存储在节点 $j$ 的数据，用另外一个集合 $L_i$ 去代表那些节点 $j$ 的缓存中有而节点 $i$ 的缓存中没有的数据，也就是 $L_i = S_i - (S_i \cap S_j)$。基于以上存储的控制消息，节点 $i$ 可以计算在集合 $L_i$ 中其订阅的数据的新鲜值，以及根据式(5.13)计算在集合 $L_i$ 中所有数据的效用值。节点 $j$ 也采用类似的方法。

(3) 节点 $i$ 会首先检查集合 $L_i$ 中是否有其订阅的数据。用集合 $L_i'$ 来代表此类数据。然后，节点 $i$ 在高优先级下将这些数据以新鲜值递减的顺序添加到候选请求列表 $R_i$ 中。在决定了订阅的数据后，节点 $i$ 下一步会决定哪些不是其订阅的数据。用集合 $L_i''$ 来代表集合 $L_i$ 中不是其订阅的数据。然后节点 $i$ 在低优先级下将这些数据以数据效用值递减的顺序添加到候选请求列表 $R_i$ 中。相应地，节点 $j$ 也采用类似的方法，并且得到候选请求列表 $R_j$。

（4）在决定了彼此的候选请求列表后，节点 $i$ 和 $j$ 会进行彼此之间的交易，从而得到其订阅的数据，以及可以增加它们缓存中总共的数据效用值的数据。在优先级和数据效用值降序的条件下，节点 $i$ 和 $j$ 会一个接一个地交易彼此候选请求列表中的数据。在得到一个新的数据后，它们会根据数据的效用值将其储存在缓存中，直到一边没有可以增加另一边缓存中的总共的数据效用值的数据，交易结束。

（5）在完成彼此的交易以后，节点 $i$ 会更新集合 $L_i$，并且发送一个新的控制消息给节点 $j$。节点 $j$ 也采用类似的方法。

图 5.4 显示了在 ConDis 中两个节点 $i$ 和 $j$ 之间的数据交换过程的示例。根据上面的介绍，$R_i$ 和 $R_j$ 分别代表了节点 $i$ 和 $j$ 的候选请求列表。为了简化起见，使用一些小的数字：1，2，…，13 代表存储在节点 $i$ 和 $j$ 缓存中的数据序列号。这里，$v_j(1)$ 代表数据 1 对于订阅节点 $j$ 来说的新鲜值，并且 $v_j(1) \geqslant v_j(2) \geqslant v_j(3)$。类似地，$v_i(8)$ 代表数据 8 对于订阅节点 $i$ 来说的新鲜值，并且 $v_i(8) \geqslant v_i(9)$。$U_j(4)$ 代表数据 4 对于节点 $j$ 的效用值，并且 $U_j(4) \geqslant U_j(5) \geqslant U_j(6) \geqslant U_j(7)$。类似地，$U_i(10)$ 代表数据 10 对于节点 $i$ 的效用值，并且 $U_i(10) \geqslant U_i(11) \geqslant U_i(12) \geqslant U_i(13)$。根据数据交换协议，节点 $i$ 和 $j$ 从彼此的候选请求列表的顶端开始交易，也就是优先交易具有更大新鲜值的数据。值得注意的是，如果 $|L_i'| = |L_j'|$，节点 $i$ 和 $j$ 会结束它们订阅数据的交易。但是，如果 $|L_i'| \neq |L_j'|$，为了得到其他订阅数据，没有额外的订阅数据给另外一方的节点，必须提供给对方可以增加其缓存中总的效用值的数据。

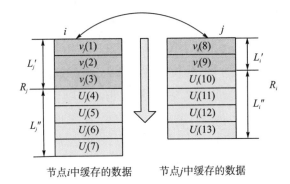

图 5.4    在 ConDis 中两个节点 $i$ 和 $j$ 之间的数据交换过程

# 5.4    性  能  评  估

这一节旨在评估本章提出机制 ConDis 在自私机会移动网络中的性能。具体地，把以下三种数据转发策略和本章提出的机制进行了比较。

(1) Podcasting[96]：节点接收所有邻居节点订阅的数据，并且当其缓存装满时会随机地丢弃数据。

(2) MobiTrade[100]：每个节点基于过去在每个信道的收益为每个信道定义一个缓存配额，并且自适应地根据缓存配额管理其缓存。

(3) ConSub[33]：每个节点根据数据效用值去交换数据，这里数据的效用值由当前节点和其订阅了相应信道的一跳邻居节点的接触概率和合作等级来决定。在每次的接触中，网络中节点的目标就是最大化它们缓存中数据的效用值。

本章同样使用两个从真实环境中采集到的真实移动数据集，Infocom 06[146]和 MIT Reality[147]来评估选出的现有机制和 ConDis 的性能。

## 5.4.1    实验设置

在整个实验中，考虑每个节点会产生一些属于某一个信道的数据，并且节点的数据产生率服从均匀分布，其中 1 个数据/小时代表节点每个小时产生一个数据。因为在 Infocom 06 数据集中的接触频率要远大

于在 MIT Reality 数据集中的接触频率，所以实验中设置 Infocom 06
数据集中的数据产生率为每小时 1 个数据，并且数据的剩余生存时间
为 2h。相应地，设置 MIT Reality 数据集中的数据产生率为每天 1 个
数据，并且数据的剩余生存时间为 1d；再者，网络中总共有 5 个信道，
并且每个节点随机地选择对一个信道的数据感兴趣。所有数据的大小
都一样，都是 40K，每次实验中数据的剩余生存时间都相等，并且网
络中节点的缓存 $B = 1000K$。最后，网络中所有数据的初始新鲜值为
$V=1$，当某一个数据的剩余生存时间过期后，数据相应的新鲜值将会
变为 0。在实验中，旨在使用以下三个性能指标去评估上面所介绍机
制的性能。

（1）总新鲜值：成功递送到网络中订阅了相应信道节点的数据的总
新鲜值，这个性能指标反映了所提出机制运行的有效性。

（2）总递送数据：成功递送到网络中订阅了相应信道的节点的数据
总个数，这个性能指标同样反映了所提出机制运行的有效性。

（3）总递送开销：网络中节点交换的总数据的个数，这个性能指标
反映了所提出机制的能量消耗。

## 5.4.2　性能比较

这一部分旨在使用 Infocom 06 数据集和 MIT Reality 数据集来比
较 ConDis 和其他三个现有机制的性能。这里，我们的主要目标是评
估 ConDis 在不同真实数据集中的性能。

图 5.5 给出了在 Infocom 06 数据集中，当 $w = 0.9$ 时，ConDis 和
其他现有机制的性能比较。从图中可以看出，在 Infocom 06 数据集中，
随着仿真实验时间的增加，ConDis 在总新鲜值、总递送数据及总递送
开销方面的表现均要优于其他三个现有的机制。同时，仿真实验的时
间越长，ConDis 的性能越好。造成这个结果的主要原因是 ConDis 从
现实生活中的交易出发，将直接订阅值和间接订阅值都考虑了进去。
此外，ConDis 将数据的新鲜值也考虑了进去，并且设计了一种当节点
处于接触时的新数据交换协议。从图中也可以看出，在 Infocom 06 数
据集中，Podcasting 的性能最差。造成这个结果的主要原因是
Podcasting 中的节点接收它们所有的一跳邻居节点订阅的数据，并且

没有管理它们的缓存。虽然 Mobitrade 和 Consub 也将缓存管理考虑了进去，但是它们都要依靠和其他节点的历史交易记录去定义数据的效用值，这就造成数据的效用值不准确；再者，它们没有将数据的新鲜值考虑进去。因此，在 Infocom 06 数据集中，ConDis 在总新鲜值、总递送数据及总递送开销方面的表现要优于其他三个现有的机制。

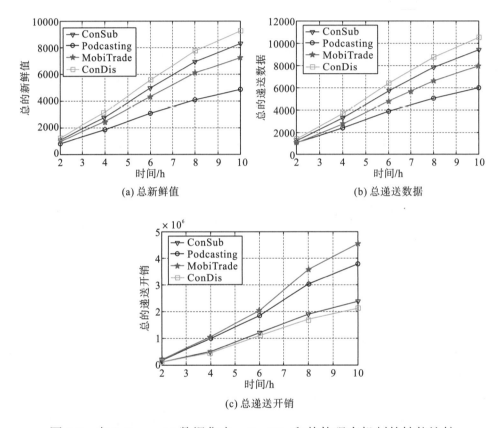

(a) 总新鲜值 　　　　　　　　　　　　　(b) 总递送数据

(c) 总递送开销

图 5.5　在 Infocom 06 数据集中，ConDis 和其他现有机制的性能比较

图 5.6 给出了在 MIT Reality 数据集中，当 $w = 0.9$ 时，ConDis 和其他现有机制的性能比较。从图中可以看出，和图 5.5 中的结果类似，在 MIT Reality 数据集中，随着仿真实验时间的增加，ConDis 在总新鲜值、总递送数据及总递送开销方面的表现均要优于其他三个现有的机制；再者，仿真实验的时间越长，ConDis 的性能越好。同样，Podcasting 在 MIT Reality 数据集中的性能也是最差的，并且 ConSub

在 MIT Reality 数据集中的表现也要优于 MobiTrade 的表现。MIT Reality
数据集中的仿真实验时间要远大于在 Infocom 06 数据集中相应的时间。
这是因为 MIT Reality 数据集中的仿真实验时长要远大于在 Infocom 06
数据集中的时长，并且 MIT Reality 数据集中的接触要比 Infocom 06
数据集中的接触要稀疏得多。

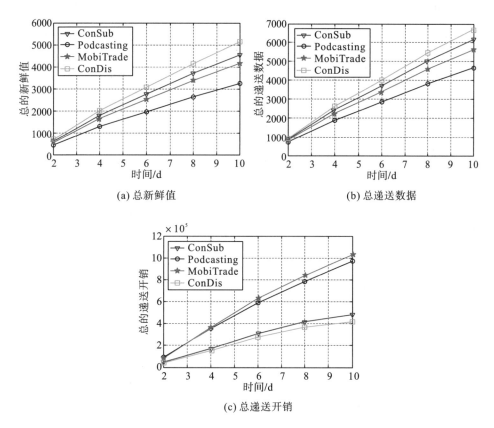

图 5.6　在 MIT Reality 数据集中，ConDis 和其他现有机制的性能比较

　　综上所述，随着仿真实验时间的增加，ConDis 不仅在 Infocom 06
数据集中在总新鲜值、总递送数据及总递送开销方面的表现要优于其
他三个现有的机制，而且在 MIT Reality 数据集中的表现也要优于其他
现有的机制，这就证明了 ConDis 的有效性；再者，仿真实验的时间
越长，所提出机制的性能越好。

### 5.4.3　参数 $w$ 的影响

这个部分旨在评估当参数 $w$ 的值不同时 ($w = 0.1$、$0.5$、$0.9$)，ConDis 在不同数据集中的性能。其目标是分析参数 $w$ 对 ConDis 在不同数据集中的影响。

图 5.7 和图 5.8 分别给出了在 Infocom 06 数据集和 MIT Reality 数据集中，当参数 $w$ 的值不同时 ($w = 0.1$、$0.5$、$0.9$) ConDis 的性能。从图中可以看出，参数 $w$ 的值越大，ConDis 不仅在 Infocom 06 数据集中在总新鲜值、总递送数据及总递送开销方面的表现更好，而且在 MIT Reality 数据集中的表现也要更好。造成这个结果的主要原因是参数 $w$ 的值改变了直接订阅值和间接订阅值之间的平衡，这两个值分别由节点的一跳邻居节点和二跳邻居节点决定。随着参数 $w$ 值的增加，网络中的节点会优先储存被它们的一跳邻居节点订阅的数据，这就意味着网络中的节点可以从它们的一跳邻居节点中得到更多它们订阅的数据；再者，为了计算某一个一跳邻居节点的间接订阅值，当前节点需要利用存储的历史记录信息去预测其二跳邻居节点的信息，这个预测过程可能会不准确。因此，在不同的数据集中，参数 $w$ 的值越大，ConDis 的表现就越好。

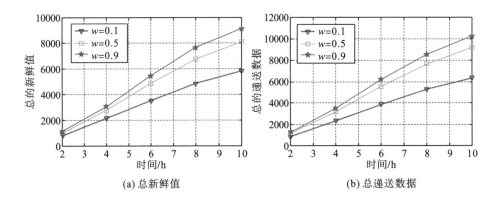

(a) 总新鲜值　　　　　　　　　　　(b) 总递送数据

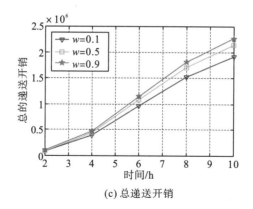

(c) 总递送开销

图 5.7　在 Infocom 06 数据集中，当参数 $w$ 的值不同时 ConDis 的性能

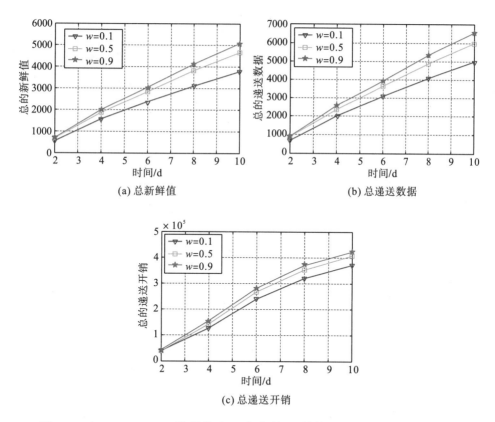

(a) 总新鲜值　　　　　　　　　　　　　(b) 总递送数据

(c) 总递送开销

图 5.8　在 MIT Reality 数据集中，当参数 $w$ 的值不同时 ConDis 的性能

　　综上所述，参数 $w$ 的值对 ConDis 的性能有很大的影响。因为对于某一个节点来说，利用存储的历史记录信息去预测其二跳邻居节点

的信息可能会不准确，所以为了增加 ConDis 的性能，网络中的节点应该尽可能存储一些它们的一跳邻居节点订阅的数据。

## 5.5  本 章 小 结

本章旨在研究机会移动网络中的发表/订阅数据分发机制。本章将网络中节点的自私行为和数据的新鲜值考虑进去，并且为自私机会移动网络提出了一种基于激励驱动的发表/订阅数据分发机制——ConDis。在 ConDis 中，TFT 模式作为激励机制去处理网络中节点的自私行为；再者，ConDis 也提出了一种新的数据交换协议来实现两节点在接触过程中的数据交换，其目的是激励网络中的节点尽可能携带能满足其邻居节点需要的数据。具体来说，在每次接触过程中，数据交换的顺序是由其数据效用决定的，而数据效用是由直接订阅值和间接订阅值来计算得到的，每个节点进行数据交换的目的就是为了最大化其缓存中储存的数据的效用值。在大量基于真实数据集的性能评估中，ConDis 在总新鲜值、总递送数据和总递送开销方面都优于现有机制。

# 第6章 机会移动网络中面向最大数据传输概率的数据转发机制

为了提高数据转发的性能，本章提出了两种基于机会转发路径上的最大数据传递概率的转发指标。然后，根据两个指标将数据转发分为两个阶段。首先，在全局范围内评估网络中所有节点的中心性值，以确保数据转发给具有能更好地去接触其他节点能力的节点；其次，当将数据传递到具有到目的地的机会性转发路径的节点时，将评估和目的节点的最大数据传递概率，以确保由和目的节点具有更大数据传递概率的节点来转发数据。大量的仿真结果表明，我们提出的数据转发机制 MDDPC 在数据包递送率方面非常接近传染路由，但数据包的递送开销却极大地降低。

## 6.1 引　　言

数据转发机制已经在机会移动网络中进行了深入研究，并且提出了许多数据转发机制。一些数据转发机制基于节点移动性及其与目的节点预测的接触可能性来选择转发节点。但是，这些数据转发机制的性能因为人类对移动性的预测准确性低而受到限制，并且各个节点缺少有关如何到达目的节点的全局信息。近年来，一些研究集中在利用节点的接触特征来做出转发决策，而数据转发决策是根据节点在长时间内的累计接触特征来决定的。由于节点的接触特征能更稳定地表示节点之间的长期关系，因此它们使数据转发决策更加有效，并且不易受到节点移动随机性的影响。

本章专注于利用节点的接触特征来提高数据转发的性能，但是和现有工作不同，我们尝试从多跳的角度利用节点的接触特征。考虑到多跳邻居的接触信息，本章介绍了机会转发路径的定义，并求出了沿某个机会转发路径的数据传递概率。基于机会转发路径上的数据传递概率，我们提出了两种度量指标来设计数据转发机制：①基于最大数据传递概率的中心性，表示为 MDDPC，它表示将数据传递到网络中所有节点的能力；②到目的节点的最大数据传递概率，这表示将数据传递到目的节点的能力。本章将数据转发分为两个阶段。首先，在包括网络中所有节点的全局范围内评估中心性指标，以确保数据由具有更高地接触其他节点能力的节点进行转发；其次，当将数据传递到具有到目的节点机会转发路径的节点时，将比较到目的节点的数据传递概率，以确保数据由到目的节点的数据传递概率最大的节点来转发数据。所提出的数据转发机制设法将数据副本沿机会转发路径转发，这样可以将数据传递概率最大化。本章的贡献主要有三个方面。

(1)给出了机会转发路径的定义，并得到了沿多跳机会转发路径的两个节点之间的最大数据传递概率的表达式。

(2)基于最大数据传递概率提出了一种新的中心性指标，该度量衡量了某个节点到网络中所有其他节点的平均最大数据传递概率。然后，基于中心性指标和最大数据传递概率，我们提出了一种新颖的方法来提高机会移动网络中数据转发的性能。

(3)在真实数据集中进行了广泛的仿真实验，以评估我们提出的数据转发机制的性能。仿真结果表明，在所考虑的场景下，我们提出的策略优于近期其他提出的数据转发策略。

## 6.2  网 络 模 型

以前的一些研究发现真实数据集中的节点对接触时间遵循指数分布。因此，本章也假设机会移动网络中的节点对接触时间遵循指数分布。同时我们也假设网络中的节点具有足够的缓冲区来存储数据，并且每个数据足够小，以便节点可以在每次接触中完成数据交换过程。

## 6.3　机会移动网络中的数据转发机制

### 6.3.1　最大数据传输概率

本节专注于计算两个节点之间的最大数据传递概率。由于节点可能没有直接接触，因此我们首先介绍多跳机会转发路径的定义。基于多跳机会转发路径，我们尝试在机会移动网络中得到沿某条机会转发路径的数据传递概率。如前所述，我们假设机会移动网络中节点对的接触时间遵循指数分布。在这里，我们使用 $\lambda_{ij}$ 表示节点 $i$ 和 $j$ 之间的接触频率，则可以通过以下时间平均值方法来计算：

$$\lambda_{ij} = \frac{n}{\sum_{l=1}^{n} T_{ij}^{l}} \tag{6.1}$$

其中，$T_{ij}^1, T_{ij}^2, \cdots, T_{ij}^n$ 为节点 $i$ 和 $j$ 之间的节点对接触时间样本。因此，节点 $i$ 和 $j$ 之间的接触时间 $X_{ij}$ 的概率密度函数可以表示为

$$f_{X_{ij}}(t) = \lambda_{ij}\, \mathrm{e}^{-\lambda_{ij} t} \tag{6.2}$$

在得到了机会移动网络中节点对接触时间的分布后，接下来我们介绍 $k$-跳机会转发路径的概念。我们假定有一个从节点 $A$ 到节点 $B$ 的特定数据，并且有从 $A$ 到 $B$ 的机会转发路径。如图 6.1 所示，$k$-跳机会转发路径的定义如下。

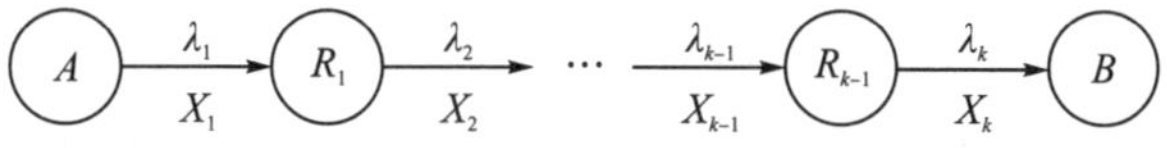

图 6.1　节点 $A$ 和 $B$ 之间某一条多跳机会转发路径权重示意图

**定义 1**　在机会移动网络中，节点 $A$ 和 $B$ 之间的某个 $k$-跳机会转发路径(表示为 $l$)由节点集$\{A, R_1, R_2, \cdots, R_{k-1}, B\}$和边缘集$\{e_1, e_2, \cdots, e_k\}$与边缘权重集$\{\lambda_1, \lambda_2, \cdots, \lambda_k\}$组成。其中，$\{\lambda_1, \lambda_2, \cdots, \lambda_k\}$为沿机会转发路径的每个接触节点对的接触率；路径权重为数据在时间 $T$ 内沿 $l$ 从 $A$ 到 $B$ 转发的概率 $\mathrm{Pr}_{AB}(T)$。

接下来，我们将描述如何确定节点 $A$ 和 $B$ 之间的机会转发路径的权重。当 $k=1$ 时，这意味着在节点 $A$ 和 $B$ 之间存在直接边缘，那么节点集将被更改为 $\{A, B\}$，相应的边缘权重为 $\lambda_{AB}$。将数据沿机会转发路径 $l$ 从 $A$ 传递到 $B$ 的总时间是 $Y_l = X_{AB}$。因此，根据式（6.2），某一数据在时间 $T$ 中成功地从 $A$ 传递到 $B$ 的概率可以表示为

$$\mathrm{Pr}_{Y_l}(T) = P(Y_l < T) = \int_0^T \lambda_{AB}\,\mathrm{e}^{-\lambda_{AB}t}\,\mathrm{d}t = 1 - \mathrm{e}^{-\lambda_{AB}T} \tag{6.3}$$

当 $k>1$ 时，表示节点 $A$ 和 $B$ 不直接接触，那么沿着机会转发路径 $l$ 从 $A$ 到 $B$ 传递某个数据的总时间为 $Y_l = \sum_{i=1}^{k} X_i$，如图6.1所示。基于式（6.2），$Y_l$ 的 $f_{Y_l}(t)$ 可以计算为

$$f_{Y_l}(t) = f_{X_1}(t) \otimes f_{X_2}(t) \otimes \cdots \otimes f_{X_k}(t) \tag{6.4}$$

其中，$\otimes$ 是卷积运算符。

**定理1** 对于具有边权重 $\{\lambda_1, \lambda_2, \cdots, \lambda_k\}$ 的某个 $k$-跳机会转发路径 $l$，当 $k>1$ 时，$f_{Y_l}(t)$ 表示为

$$f_{Y_l}(t) = \sum_{i=1}^{k} \mathrm{CO}_i^{(k)} f_{X_i}(t) \tag{6.5}$$

其中，系数 $\mathrm{CO}_i^{(k)}$ 如下：

$$\mathrm{CO}_i^{(k)} = \prod_{j=1, j \neq i}^{k} \frac{\lambda_j}{\lambda_j - \lambda_i} \tag{6.6}$$

因此，当 $k>1$ 时，某一数据在时间 $T$ 内成功地沿机会转发路径 $l$ 从节点 $A$ 传递到 $B$ 的概率可以被表达为

$$\mathrm{Pr}_{Y_l}(T) = P(Y_l < T) = \int_0^T f_{Y_l}(t)\,\mathrm{d}t = \sum_{i=1}^{k} \mathrm{CO}_i^{(k)}(1 - \mathrm{e}^{-\lambda_i T}) \tag{6.7}$$

假设 $A$ 和 $B$ 之间有 $L$ 条机会转发路径，并且每条机会转发路径都有一个数据传递概率。然后，用 $\mathrm{Pr}_{\max}^{AB}(T)$ 表示这 $L$ 条机会转发路径的最大数据传递概率，其可以用如下式子计算：

$$\mathrm{Pr}_{\max}^{AB}(T) = \max\{\mathrm{Pr}_{Y_1}^{AB}(T), \mathrm{Pr}_{Y_2}^{AB}(T), \cdots, \mathrm{Pr}_{Y_L}^{AB}(T)\} \tag{6.8}$$

## 6.3.2　中心性指标

基于最大数据传递概率的表达式,本节提出一种新的中心性指标。网络中节点的中心性是一种衡量节点的结构重要性的度量。具有高中心性值的节点通常具有更强的连接网络中其他节点的能力。现有研究已经提出了不同的指标来衡量一个节点在网络中的相对重要性,如介数中心性、CCP 等[36,158]。介数中心性衡量节点位于连接其他节点的最短路径上的程度,而具有较高介数中心性值的节点具有更好的便利网络中其他节点之间通信的能力。为了在分布式环境中使用,有人提出了介数中心性指标的分布式版本,它只考虑了该节点的一跳邻居[159]。CCP 表示在时间 $T$ 内随机选择的节点在网络中与其他节点联系的平均概率。与我们的工作类似,CCP 也是基于节点对的接触时间服从指数分布的结论。但是,上述两个中心性指标只考虑了节点的一跳邻居来衡量节点在网络中的重要性。为了更准确地测量节点在网络中的重要性,在这一节中,我们引入了一个新的中心性指标,使用 $k$-跳邻居节点。考虑到网络中所有的节点,我们提出了一种基于最大数据传递概率的新的中心性指标(MDDPC),其表示为

$$C_T(A) = \frac{1}{N-1} \sum_{i \in V, i \neq A} \mathrm{Pr}_{\max}^{Ai}(T) \tag{6.9}$$

其中,$C_T(A)$ 为节点 $A$ 到网络中所有其他节点的平均最大数据传递概率;$N$ 为网络中的节点数量。

然后,我们同样使用从真实环境中采集到的数据集 Infocom 06 和 MIT Reality 来验证我们提出的中心性方法 MDDPC 的有效性。我们分别在 Infocom 06 和 MIT Reality 数据集中,使用 Epidemic 作为数据转发机制,运行了 500 个随机源节点和目的节点的场景。如果某节点将数据传递到目的节点,则该节点被视为转发节点。图 6.2 显示了作为转发节点的次数和相应的中心性值的统计结果。从中可以发现,我们提出的中心性指标 MDDPC 的点呈现出形成直线的明显趋势,特别是在 MIT Reality 数据集中,这就表示具有较高中心性值的节点能更有效地将数据传递到目的节点。但是,CCP 作为中心性指标还不够有效,因为其相应的点不仅在 Infocom 06 数据集中而且在 MIT Reality 数据

集中都散布在很大的范围内。

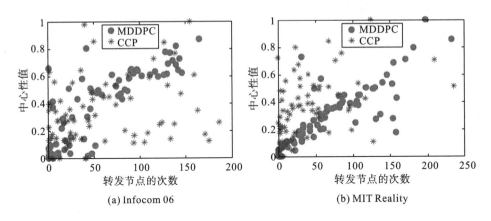

(a) Infocom 06　　　　　　　　　(b) MIT Reality

图 6.2　节点中心性值和作为转发节点的次数

### 6.3.3　面向最大数据传递概率的数据转发机制

本节为机会移动网络提出了一种新的数据转发机制。我们所提出的数据转发机制首先基于提出的中心性指标 MDDPC，其设法将数据副本转发到全局范围内具有更高中心性值的节点。然后，比较到达目的节点的最大数据传递概率，以确保由和目的节点接触概率最大的节点来转发数据。

以两个节点 $A$ 和 $B$ 为例。当节点 $A$ 遇到节点 $B$ 时，假定节点 $A$ 具有从 $S$ 传递到 $D$ 的数据副本，并且剩余生存时间为 $T_r$，则它必须决定是否转发。我们使用两个用于转发的度量来决定是否将数据副本转发到节点 $B$，第一个度量是节点 $A$ 和节点 $B$ 在剩余生存时间 $T_r$ 内的中心性值；第二个度量是在剩余生存时间 $T_r$ 内节点对$\{A, D\}$和$\{B, D\}$的最大数据传递概率。具体而言，如果节点对$\{A, D\}$和$\{B, D\}$在剩余生存时间 $T_r$ 内的最大数据传递概率都为 0，则意味着节点 $A$ 和 $B$ 均不具有到达目的节点 $D$ 的机会转发路径，则转发度量将取决于剩余生存时间 $T_r$ 中节点 $A$ 和节点 $B$ 的中心性值。同时，如果在剩余生存时间 $T_r$ 内节点对$\{B, D\}$的最大数据传递概率不为 0，则转发度量将取决于节点对$\{A, D\}$和$\{B, D\}$在剩余生存时间 $T_r$ 中的最大数据传递概率。因此，为了决定是否将数据副本转发到节点 $B$，我们必须计算在剩余

生存时间 $T_r$ 内节点对 $\{A, D\}$ 和 $\{B, D\}$ 的最大数据传递概率及节点 $A$ 和节点 $B$ 分别在剩余生存时间 $T_r$ 的中心性值。

假设在 $A$ 和 $D$ 之间有 $L_A$ 条机会转发路径，在 $B$ 和 $D$ 之间有 $L_B$ 条机会转发路径，并且每个机会转发路径都有数据传递的可能性。然后，根据式(6.8)，我们使用 $\mathrm{Pr}^{AD}_{\max}(T_r)$ 和 $\mathrm{Pr}^{BD}_{\max}(T_r)$ 分别表示 $L_A$ 和 $L_B$ 条机会转发路径的最大数据传递概率，其计算公式如下：

$$\mathrm{Pr}^{AD}_{\max}(T_r) = \max\{\mathrm{Pr}^{AD}_{Y_1}(T_r), \mathrm{Pr}^{AD}_{Y_2}(T_r), \cdots, \mathrm{Pr}^{AD}_{Y_{L_B}}(T_r)\} \tag{6.10}$$

$$\mathrm{Pr}^{BD}_{\max}(T_r) = \max\{\mathrm{Pr}^{BD}_{Y_1}(T_r), \mathrm{Pr}^{BD}_{Y_2}(T_r), \cdots, \mathrm{Pr}^{BD}_{Y_{L_B}}(T_r)\} \tag{6.11}$$

此外，基于式(6.9)，我们可以将节点 $A$ 和节点 $B$ 的中心性值计算为

$$C(A) = \frac{1}{N-1} \sum_{i \in V, i \neq A} \mathrm{Pr}^{Ai}_{\max}(T) \tag{6.12}$$

$$C(B) = \frac{1}{N-1} \sum_{i \in V, i \neq B} \mathrm{Pr}^{Bi}_{\max}(T) \tag{6.13}$$

然后，节点 $A$ 和节点 $B$ 将根据式(6.10)和式(6.13)决定是否相互转发数据。

## 6.4　性　能　评　估

本节评估所提出的数据转发机制的性能，并研究某些参数对提出的数据转发机制的性能影响。在这里，我们使用 MDDPC 来代表提出的数据转发机制。

### 6.4.1　仿真实验设置

我们将提出的数据转发机制 MDDPC 与以下三种现有的数据转发机制进行了比较。

（1）Epidemic：将数据副本简单地泛洪到网络中的节点。

（2）Bubble Rap：首先将数据副本转发到具有较高全局中心性值的节点，然后在将数据副本转发到目的节点的本地社区时，使用本地中

心性值代替全局中心性值作为转发指标。

（3）Prophet：网络中的节点使用过去的联系来预测再次遇到某个节点的可能性，然后将数据副本转发到对目的节点具有较高联系可能性的节点。

同样，我们使用 Infocom 06 和 MIT Reality 两个真实数据集，来比较所提出的数据转发机制和所选数据转发机制的性能，用数据包递送率和数据包递送开销来评估所提出的数据转发机制 MDDPC 的性能。数据包递送率是节点成功传递数据的比例，数据包递送开销是网络中转发数据副本的平均数量。

## 6.4.2　性能比较

这一部分分别在 Infocom 06 和 MIT Reality 数据集中比较了所提出的数据转发机制和其他现有数据转发机制的性能。在这里，Epidemic 代表最佳数据包递送率性能的基准及最差数据包递送开销性能的基准。这是因为 Epidemic 始终可以找到到达目的节点的最佳路径，但是在数据包递送开销方面却很昂贵，因为 Epidemic 中的数据副本只是被泛洪到网络中的节点。所以，我们提出的数据转发机制 MDDPC 的目标是以尽可能小的数据包递送开销来接近 Epidemic 的数据包递送率。

图 6.3 显示了在 Infocom 06 数据集中我们提出的数据转发机制 MDDPC 和现有其他数据转发机制的性能比较。如图所示，随着数据包生存时间的增加，和预期的一样，Epidemic 具有最大的数据包递送率和最大的数据包递送开销。虽然相比 MDDPC，Epidemic 具有更大的数据包递送率，但是 Epidemic 的数据包递送开销几乎是 MDDPC 的 2 倍，而 Epidemic 的数据包递送率却只比 MDDPC 增加了 5%～15%。特别是，当数据包的生存时间增加到 6h 时，Epidemic 的数据包递送率只比 MDDPC 增加约 5%，但 Epidemic 的数据包递送开销却是 MDDPC 对应值的 2 倍多。MDDPC 的数据包递送率要比 Bubble 和 Prophet 都大，并且 MDDPC 和 Bubble 的数据包递送开销比较接近，在所有路由机制中的开销最小。

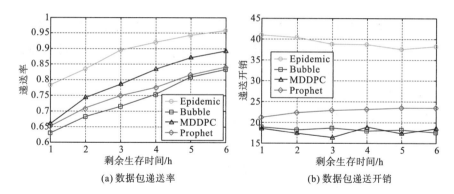

(a) 数据包递送率　　　　　　　　　　(b) 数据包递送开销

图 6.3　Infocom 06 真实数据集中，本书所提出的数据转发机制 MDDPC 和现有
其他数据转发机制的性能比较

　　图 6.4 显示了我们提出的数据转发机制 MDDPC 与 MIT Reality 真实
数据集中其他三种数据转发机制的性能比较。如图所示，与 Infocom 06
数据集中的实验结果类似，随着数据包的生存时间增加，在 MIT Reality
数据集中 Epidemic 同样具有最大的数据包递送率和最大的数据包递送开
销。虽然相比 MDDPC，Epidemic 具有更大的数据包递送率，但是 Epidemic
的数据包递送开销却是 MDDPC 的数倍，而 Epidemic 的数据包递送率却
只比 MDDPC 增加约 10%。特别是，当数据包的生存时间增加到 4h 时，
Epidemic 的数据包递送率只比 MDDPC 增加约 10%，但 Epidemic 的数据
包递送开销却是 MDDPC 对应值的 4 倍。同样，在 MIT Reality 数据集中，
相比 Bubble 和 Prophet，MDDPC 具有更大的数据包递送率和更小的数据
包递送开销，因此 MDDPC 的性能也要优于 Bubble 和 Prophet。

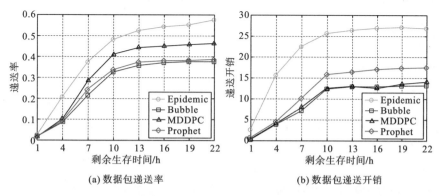

(a) 数据包递送率　　　　　　　　　　(b) 数据包递送开销

图 6.4　MIT Reality 真实数据集中本书所提出的数据转发机制 MDDPC 和现有其
他数据转发机制的性能比较

　　总而言之，我们提出的数据转发机制 MDDPC 在数据包递送率方面接近 Epidemic，但数据包递送开销却极大降低。此外，MDDPC 的数据包递送率优于 Bubble Rap 和 Prophet，且数据包递送开销非常接近 Bubble Rap。因此，与现有其他的数据转发机制相比，我们提出的数据转发机制 MDDPC 更加有效并且适用于机会移动网络。

# 6.5　本　章　小　结

　　本章从多跳角度研究了机会移动网络中的数据转发机制。考虑到多跳邻居的接触信息，我们介绍了机会转发路径的定义，并获得了沿某条机会转发路径的数据传递概率。为了提高数据转发的性能，我们提出了两种基于机会转发路径上的数据传递概率的转发指标。然后，根据两个指标将数据转发分为两个阶段。首先，在全局范围内评估网络中所有节点中心性指标，以确保数据转发给具有能更好地接触其他节点的能力的节点；然后，当将数据传递到具有到目的地的机会转发路径的节点时，评估目的节点的最大数据传递概率，以确保由和目的节点具有更大数据传递概率的节点来转发数据。大量的仿真结果表明，我们提出的数据转发机制 MDDPC 在数据包递送率方面接近 Epidemic，但数据包递送开销却极大降低。此外，我们提出的数据转发机制 MDDPC 在数据包递送率方面胜过 Bubble Rap 和 Prophet，并且在数据包递送开销方面非常接近 Bubble Rap。

# 第7章 总结与展望

本章总结了全书的主要工作,并对进一步的研究工作进行了展望。

## 7.1 全 书 总 结

近年来,随着装备有 Wi-Fi 接口或者蓝牙接口的无线便携设备的普及, 机会移动网络应运而生。该类网络突破了传统的互联网和移动自组织网络对网络实时连通性要求的限制, 故更适合于实际生活中的组网需求,因此引起了科研人员的广泛关注,并取得了丰硕的研究成果。本书对机会移动网络中的数据传输问题进行了深入的研究,并提出了相应的数据传输机制。下面是本书主要工作的总结,其中创新点和主要贡献如下。

(1)研究了机会移动网络中在随机路点模型下能量有效和接触机会之间的折衷。首先,对基于随机路点模型的接触探测过程进行建模,分别得到了单点探测概率和双点探测概率的表达式,同时也证明了在所有平均探测间隔相同的接触探测策略中, 以恒定间隔去探测的策略是最优的;其次,通过大量的仿真实验验证所提出模型的正确性。实验结果表明不同场景下的理论值和实验值都非常接近,从而证明了所提出模型的正确性;再次,实验结果也说明了所提出模型可以应用到更加一般的场景;最后,基于提出的理论模型,分析了在不同情况下能量有效和有效接触总数之间的折衷。实验结果表明,"好的折衷点"会随着节点移动速度的变化而显著变化。

(2)研究了机会移动网络中占空比模式下的邻居发现过程,并且首次为占空比机会移动网络中的邻居发现过程设计了一种能量有效的工作机制。该机制的主要思想是使用节点间过去的接触历史记录预测节点间未来的接触信息，从而在每个周期内自适应地配置网络中每个节点的工作机制。由于在占空比机会移动网络中，节点不可避免地会错失掉一些和其他节点的接触，所以书中也分析了所提出机制在网络中节点有错失的接触时同样有效。大量基于真实数据集的实验结果表明，所提出的自适应工作机制在有效的接触数、递送率和递送延时方面的表现都要优于随机工作机制和周期性工作机制。

(3)探讨了占空比机会移动网络中占空比操作对数据转发的影响，并且为占空比机会移动网络设计了一种能量有效的数据转发策略。在提出数据转发策略之前，首先对占空比机会移动网络中节点间的接触过程进行了建模，并且从理论上得到在占空比操作下节点间的接触被发现的概率。基于提出的理论模型，利用节点间的接触模式为占空比机会移动网络设计了一种能量有效的数据转发策略。该数据转发策略将占空比模式下节点间的接触频率和接触时长都考虑进去，并且设法将数据包沿着可以最大化数据传递概率的路径转发。大量基于真实数据集的仿真实验结果表明，所提出的数据转发策略的递送率和传染路由的递送率相比非常接近，但是相应的递送开销却要比传染路由的递送开销减少很多。同时，所提出的数据转发策略的递送率比 Bubble Rap 协议和 Prophet 协议的递送率都要高，但是相应的递送开销却只是稍微大于 Bubble Rap 的递送开销。

(4)研究了机会移动网络中自私环境下的数据分发问题，并且设计了一种适用于自私机会移动网络的基于激励驱动的发布/订阅数据分发机制。该机制将数据的新鲜值也考虑进去，其主要思想是利用"针锋相对"机制来激励网络中节点的互相合作。在 TFT 模式下，网络中每个节点对在交易时必须提供等量的数据给对方。因此，为了和其他节点进行交易，网络中的节点必须利用它们的缓存去为网络中的其他节点存储一些数据。通过这种方式，就可以激励网络中的节点互相合作；再者，由于节点的缓存大小是有限的，为了得到尽可能多的订阅数据，并且保证这些订阅数据的新鲜，网络中的节点必须存储一些有用的数据，所以本书提出了一种新颖的数据交换协议来实现两节点在接触过程中的数据交换。具体来说，在每次接触过程中，数据交换的顺序是由其数据效用决定的，而数据效用是由直接订阅值和间接订阅值来计算的，每个节点进行数据交换的目的就是为了最大化其缓存中储存数据的效用值。在大量基于真实数据集的性能评估中，我们所提出的机制在总新鲜值、总传递数据和总传输开销方面都优于已有机制。

(5) 从多跳角度研究了机会移动网络中的数据转发机制。考虑到多跳邻居的接触信息，介绍了机会转发路径的定义，并获得了沿某条机会转发路径的数据传递概率。为了提高数据转发的性能，我们提出了两种基于机会转发路径上的数据传递概率的转发指标。然后，根据这两个指标将数据转发分为两个阶段。首先，在全局范围内评估网络中所有节点的中心性指标，以确保数据转发给具有能更好地接触其他节点能力的节点；然后，当将数据传递到具有到目的地的机会转发路径的节点时，评估和目的节点的最大数据传递概率，以确保由和目的节点具有更大数据传递概率的节点来转发数据。大量的仿真结果表明，我们提出的数据转发机制 MDDPC 在数据包递送率方面接近传染路由，但数据包递送开销却极大地降低。

## 7.2 研究展望

自 2003 年提出机会移动网络的相关概念后，随即引起了学术界的广泛关注。近年来，学术界已经对机会移动网络中的一些研究热点，如邻居发现、机会转发机制、数据分发及激励机制等进行了深入研究。但就目前的研究成果而言，大部分的研究工作还停留在组网技术层面的基础研究。机会移动网络要想真正应用到现实生活中的各个领域中，很多技术难题和支撑技术都急需解决。下面结合我们对机会移动网络的认识，列举一些有待解决的重要问题。

### 7.2.1 资源有效协议

机会移动网络通常由装备有 Wi-Fi 接口或者蓝牙接口的无线便携设备组成。这些无线便携设备通常在内存、缓存、带宽、计算智能及能量供应等方面是资源有限的。这些限制应该在机会移动网络中的协议设计方面得到考虑，从而能有效地使用这些便携设备的资源进行信息转发和信息共享。目前机会移动网络中大多数的数据转发机制都没有考虑节点的资源限制(如缓存、带宽)，因此将节点的资源限制和转发能力结合起来设计数据转发机制是机会移动网络中数据转发机制发展的一大方向。

## 7.2.2　安全和隐私保护

安全和隐私保护是机会移动网络中一个很重要的课题。传统的互联网和移动自组织网络可以通过集中式的身份中心来对节点的身份进行认证，从而确保网络的安全。对传输的数据及参与节点的身份信息进行加密则可以保证数据的安全性和完整性及节点的隐私性。然而，在机会移动网络中，由于缺乏集中式的身份中心，并且数据在网络中的传输延时很大，因此很难对节点的身份进行认证；再者，为了保护节点的隐私性，如果对参与的节点信息进行层层加密，那么在解密的过程中就会浪费很多的资源，并且网络的性能将会受到严重的影响。综上所述，如何在确保网络性能不受影响及资源有效利用的情况下，设计有效的安全协议是机会移动网络的一大难题。

# 参 考 文 献

[1] Papadimitratos P, Haas Z. Secure routing for mobile ad hoc networks[C]. Proceedings of the SCS Commnication Networks and Distributed Systems Modeling and Simulation Conference, 2002: 193-204.

[2] Williams B, Camp T. Comparison of broadcasting techniques for mobile ad hoc networks[C]. Proceedings of ACM Mobihoc. ACM., 2002: 194-205.

[3] Buttyan L, Hubaux J. Stimulating cooperation in self-organizing mobile ad hoc networks[J]. Mobile Networks and Applications, 2003, 8(5): 579-592.

[4] Zhang Z. Routing in intermittently connected mobile ad hoc networks and delay tolerant networks: Overview and challenges[J]. IEEE Communications Surveys & Tutorials, 2006, 8(1): 24-37.

[5] Leiner B, Nielson D, Tobagi F. Issues in packet radio network design[J]. Proceedings of the IEEE, 1987, 75(1): 6-20.

[6] Johansson P, Larsson T, Hedman N, et al. Scenario-based performance analysis of routing protocols for mobile ad-hoc networks[C]. Proceedings of ACM Mobicom. ACM, 1999: 195-206.

[7] Marti S, Giuli T, Lai K, et al. Mitigating routing misbehavior in mobile ad hoc networks[C]. Proceedings of ACM Mobicom, 2000, 6: 255-265.

[8] Peng W, Lu X. On the reduction of broadcast redundancy in mobile ad hoc networks[C]. Proceedings of the 1st ACM international symposium on Mobile ad hoc networking & computing. IEEE Press, 2000: 129-130.

[9] Ko Y, Vaidya N. Location-aided routing (lar) in mobile ad hoc networks[J]. Wireless Networks, 2000, 6(4): 307-321.

[10] Mauve M, Widmer A, Hartenstein H. A survey on position-based routing in mobile ad hoc networks[J]. IEEE Network, 2001, 15(6): 30-39.

[11] Perkins C, Bhagwat P. Highly dynamic destination-sequenced distance-vector routing (dsdv) for mobile computers[C]. ACM SIGCOMM Computer Communication Review. ACM, 1994, 24: 234-244.

[12] Karp B, Kung H. Gpsr: Greedy perimeter stateless routing for wireless networks[C]. Proceedings of ACM Mobicom. ACM., 2000: 243-254.

[13] Cao Y, Sun Z. Routing in delay/disruption tolerant networks: A taxonomy, survey and challenges[J]. IEEE Communications Surveys & Tutorials, 2013, 15(2): 654-677.

[14] Pereira P, Casaca A, Rodrigues J, et al. From delay-tolerant networks to vehicular delay-tolerant networks[J]. IEEE Communications Surveys & Tutorials, 2012, 14(4): 1166-1182.

[15] Caini C, Cruickshank H, Farrell S, et al. Delay-and disruption-tolerant networking (dtn): An alternative solution for future satellite networking applications[J]. Proceedings of the IEEE, 2011, 99(11):1980-1997.

[16] Kayastha N, Niyato D, Wang P, et al. Applications, architectures, and protocol design issues for mobile social networks: A survey[J]. Proceedings of the IEEE, 2011, 99(12): 2130-2158.

[17] Pelusi L, Passarella A, Conti M. Opportunistic networking: Data forwarding in disconnected mobile ad hoc networks[J]. IEEE Communications Magazine, 2006, 44(11): 134-141.

[18] Chaintreau A, Mtibaa A, Massoulie L, et al. The diameter of opportunistic mobile networks[C]. Proceedings of ACM CoNEXT. ACM., 2007: 12.

[19] Fall K. A delay-tolerant network architecture for challenged internets[C]. Proceedings of the conference on Applications, technologies, architectures, and protocols for computer communications. ACM, 2003: 27-34.

[20] Jones E, Li L, Schmidtke J, et al. Practical routing in delay-tolerant networks[J]. IEEE Transactions on Mobile Computing, 2007, 6(8): 943-959.

[21] Hui P, Yoneki E, Chan S, et al. Distributed community detection in delay tolerant networks[C]. Proceedings of the ACM/IEEE international workshop on Mobility in the evolving internet architecture. ACM, 2007.

[22] Lindgren A, Doria A, Schelen O. Probabilistic routing in intermittently connected´ networks[J]. ACM SIGMOBILE Mobile Computing and Communications Review, 2003, 7(3): 19-20.

[23] Thompson N, Nelson S, Bakht M, et al. Retiring replicants: Congestion control for intermittently-connected networks[C]. Proceedings of IEEE INFOCOM. IEEE, 2010: 1-9.

[24] Ryu J, Ying L, Shakkottai S. Back-pressure routing for intermittently connected networks[C]. Proceedings of IEEE INFOCOM. IEEE., 2010: 1-5.

[25] Zhao W, Ammar M, Zegura E. A message ferrying approach for data delivery in sparse mobile ad hoc networks[C]. Proceedings of ACM MobiHoc. ACM, 2004: 187-198.

[26] Harras K, Almeroth K, Belding-Royer E. Delay tolerant mobile networks(dtmns): Controlled flooding in sparse mobile networks[C]. Proceedings of the IFIPTC6 international conference on Networking Technologies, Services, and Protocols. Springer-Verlag, 2005: 1180-1192.

[27] Tariq M B, Ammar M, Zegura E. Message ferry route design for sparse ad hoc networks with mobile nodes[C]. Proceedings of ACM Mobihoc. ACM, 2006: 37-48.

[28] 熊永平, 孙利民, 牛建伟, 等. 机会网络[J]. 软件学报, 2009, 20(1):124-137.

[29] 范家璐. 机会移动网络建模与应用研究一种社会网络分析的视角[D]. 浙江大学博士学位论文, 2011.

[30] Fan J, Chen J, Du Y, et al. Delque: A socially-aware delegation query scheme in delay tolerant networks[J]. IEEE

Transactions on Vehicular Technology, 2011, 60 (5) : 2181-2193.

[31] Fan J, Chen J, Du Y, et al. Geo-community-based broadcasting for data dissemination in mobile social networks[J]. IEEE Transactions on Parallel and Distributed Systems, 2013, 24 (4) : 734-743.

[32] Li F, Wu J. MOPS: Providing content-based service in disruption-tolerant networks[C]. Proceedings of IEEE ICDCS., 2009.

[33] Zhou H, Chen J, Fan J, et al. Consub: Incentive-based content subscribing in selfish opportunistic mobile networks[J]. IEEE Journal on Selected Areas in Communications, 2013, 31 (9) : 669-679.

[34] Zhou H, Wu J, Zhao H, et al. Incentive-driven and freshness-aware content dissemination in selfish opportunistic mobile networks[C]. Proceedings of IEEE MASS., 2013.

[35] Wu J, Wang Y. Social feature-based multi-path routing in delay tolerant networks[C]. Proceedings of IEEE INFOCOM., 2012.

[36] Gao W, Li Q, Zhao B, et al. Multicasting in delay tolerant networks: A social network perspective[C]. Proceedings of ACM MobiHoc., 2009.

[37] Rao W, Zhao K, Zhang Y, et al. Maximizing timely content advertising in dtns[C]. Proceedings of IEEE SECON., 2012: 254-262.

[38] Khabbaz M, Assi C, Fawaz W. Disruption-tolerant networking: A comprehensive survey on recent developments and persisting challenges[J]. IEEE Communications Surveys & Tutorials, 2012, 14 (2) : 607-640.

[39] 王欣. 容迟/容断移动自组织网络路由技术研究[D]. 天津大学博士学位论文, 2010.

[40] 彭敏. 延迟容忍网络中移动模型与路由技术研究[D]. 中国科学技术大学博士学位论文, 2010.

[41] 于海征. 容迟网络路由协议及可靠性研究[D]. 西安电子科技大学博士学位论文, 2011.

[42] 曹向辉. 无线传感器/执行器网络的体系结构与算法研究[D]. 浙江大学博士学位论文, 2011.

[43] 贺诗波. 无线传感器网络覆盖理论与资源优化研究[D]. 浙江大学博士学位论文, 2012.

[44] 张建辉. 无线传感器网络拓扑控制研究[D]. 浙江大学博士学位论文, 2008.

[45] Zhu J, Cao J, Liu M, et al. A mobility prediction-based adaptive data gathering protocol for delay tolerant mobile sensor network[C]. Proceedings of IEEE Globecom. IEEE., 2008: 1-5.

[46] Project Z. Picture available online at: https://www.princeton.edu/eeb/gradinitiative/decisionmaking/zebranet.jpg [2020-06-16].

[47] Seth A, Kroeker D, Zaharia M, et al. Low-cost communication for rural internet kiosks using mechanical backhaul[C]. Proceedings of ACM Mobicom. ACM., 2006: 334-345.

[48] Juang P, Oki H, Wang Y, et al. Energy-efficient computing for wildlife tracking: Design tradeoffs and early experiences with zebranet[C]. ACM Sigplan Notices. ACM., 2002, 37: 96-107.

[49] Luan T, Cai L, Chen J, et al. Vtube: Towards the media rich city life with autonomous vehicular content

distribution[C]. Proceedings of IEEE SECON. IEEE., 2011: 359-367.

[50] Lu N, Luan T, Wang M, et al. Capacity and delay analysis for social-proximity urban vehicular networks[C]. Proceedings IEEE INFOCOM. IEEE., 2012: 1476-1484.

[51] 周欢, 徐守志, 李成霞. 一种用于高速公路上防车辆连环碰撞的 v2v 广播协议[J]. 计算机研究与发展, 2009, 46(12): 2062-2067.

[52] Niyato D, Wang P. Optimization of the mobile router and traffic sources in vehicular delay-tolerant network[J]. IEEE Transactions on Vehicular Technology, 2009, 58(9): 5095-5104.

[53] Pentland A, Fletcher R, Hasson A. Daknet: Rethinking connectivity in developing nations[J]. Computer, 2004, 37(1): 78-83.

[54] Zhu Y, Xu B, Shi X, et al. A survey of social-based routing in delay tolerant networks: Positive and negative social effects[J]. IEEE Communications Surveys & Tutorials, 2013, 15(1): 387-401.

[55] Krifa A, Sbai M K, Barakat C, et al. Bithoc: A content sharing application for wireless ad hoc networks[C]. Proceedings of IEEE PerCom., 2009: 1-3.

[56] Jung S, Lee U, Chang A, et al. Bluetorrent: Cooperative content sharing for bluetooth users[J]. Pervasive and Mobile Computing, 2007, 3(6): 609-634.

[57] Lenders V, Karlsson G, May M. Wireless ad hoc podcasting[C]. Proceedings of IEEE Secon. IEEE., 2007: 273-283.

[58] Yoneki E, Hui P, Chan S, et al. A socio-aware overlay for publish/subscribe communication in delay tolerant networks[C]. Proceedings of the ACM Symposium on Modeling, analysis, and simulation of wireless and mobile systems. ACM., 2007: 225-234.

[59] Boldrini C, Conti M, Passarella A. Contentplace: Social-aware data dissemination in opportunistic networks[C]. Proceedings of ACM MSWiM., 2008: 203-210.

[60] Zhao Y, Wu J. B-sub: A practical bloom-filter-based publish-subscribe system for human networks[C]. Proceedings of IEEE ICDCS. IEEE., 2010: 634-643.

[61] He S, Chen J, Sun Y, et al. On optimal information capture by energy-constrained mobile sensors[J]. IEEE Transactions on Vehicular Technology, 2010, 59(5):2472-2484.

[62] He S, Chen J, Yau D K Y, et al. Energy-efficient capture of stochastic events under periodic network coverage and coordinated sleep[J]. IEEE Transactions onParallel and Distributed Systems, 2012, 23(6): 1090-1102.

[63] Wang W, Srinivasan V, Motani M. Adaptive contact probing mechanisms for delay tolerant applications[C]. Proceedings of ACM MobiCom., 2007.

[64] Motani W W M, Srinivasan V. Opportunistic energy-efficient contact probing in delay-tolerant applications[J]. IEEE/ACM Transactions on Networking, 2009, 17(5): 1592-1605.

[65] Qin S, Feng G, Zhang Y. How the contact-probing mechanism affects the transmission capacity of delay-tolerant networks[J]. IEEE Transactions on Vehicular Technology, 2011, 60(4): 1825-1834.

[66] Qin S, Feng G, Zhang Y. How contact probing affects the transmission capacity and energy consumption in dtns[C]. Proceedings of IEEE ICC. IEEE., 2011: 1-5.

[67] Drula C, Amza C, Rousseau F, et al. Adaptive energy conserving algorithms for neighbor discovery in opportunistic bluetooth networks[J]. IEEE Journal on Selected Areas in Communications, 2007, 25(1): 96-107.

[68] Banerjee N, Corner M, Levine B. Design and field experimentation of an energyefficient architecture for dtn throwboxes[J]. IEEE/ACM Transactions on Networking, 2010, 18(2): 554-567.

[69] Trullols-Cruces O, Morillo-Pozo J, Barcelo-Ordinas J M, et al. Power saving tradeoffs in delay/disruptive tolerant networks[C]. Proceedings of IEEE WoWMoM., 2011.

[70] Yang S, Yeo C K, Lee B S. Cdc: An energy-efficient contact discovery scheme for pocket switched networks[C]. Proceedings of ICCCN. IEEE., 2012: 1-7.

[71] Yang S, Yeo C, Lee B. Cooperative duty cycling for energy-efficient contact discovery in pocket switched networks[J]. IEEE Transactions on Vehicular Technology, 2013, 62(4): 1815-1826.

[72] Vahdat A, Becker D. Epidemic routing for partially connected ad hoc networks[R]. CS-200006, Duke University, 2000.

[73] Grossglauser M, Tse D. Mobility increases the capacity of ad hoc wireless networks[J]. IEEE/ACM Transactions On Networking, 2002, 10(4): 477-486.

[74] Tseng Y C, Ni S Y, Chen Y S, et al. The broadcast storm problem in a mobile ad hoc network[J]. Wireless Networks, 2002, 8(2): 153-167.

[75] Spyropoulos T, Psounis K, Raghavendra C S. Spray and wait: An efficient routing scheme for intermittently connected mobile networks[C]. Proceedings of ACM SIGCOMM workshop on delay-tolerant networking, 2005: 252-259.

[76] Spyropoulos T, Psounis K, Raghavendra C. Efficient routing in intermittently connected mobile networks: The single-copy case[J]. IEEE/ACM Transactions on Networking, 2008, 16(1): 63-76.

[77] Spyropoulos T, Psounis K, Raghavendra C. Efficient routing in intermittently connected mobile networks: the multiple-copy case[J]. IEEE/ACM Transactions on Networking, 2008, 16(1): 77-90.

[78] Dubois-Ferriere H, Grossglauser M, Vetterli M. Age matters: Efficient route discovery in mobile ad hoc networks using encounter ages[C]. Proceedings of ACM MobiHoc., 2003: 257-266.

[79] Lindgren A, Doria A, Schelen O. Probabilistic routing in intermittently connected networks[J]. Lecture Notes in Computer Science, 2004, 3126:239-254.

[80]Erramilli V, Crovella M, Chaintreau A, et al. Delegation forwarding[C]. Proceedings of ACM MobiHoc., 2008: 251-260.

[81] Balasubramanian A, Levine B, Venkataramani A. Dtn routing as a resource allocation problem[C]. ACM SIGCOMM Computer Communication Review.ACM., 2007, 37: 373-384.

[82] Balasubramanian A, Levine B, Venkataramani A. Replication routing in dtns: A resource allocation approach[J]. IEEE/ACM Transactions on Networking, 2010, 18(2): 596-609.

[83] Hui P, Crowcroft J, Yoneki E. Bubble rap: Social-based forwarding in delay tolerant networks[C]. Proceedings of ACM MobiHoc., 2008: 241-250.

[84] Daly E M, Haahr M. Social network analysis for routing in disconnected delaytolerant manets[C]. Proceedings of ACM MobiHoc., 2007: 32-40.

[85] Hui P, Crowcroft J. How small labels create big improvements[C]. Proceedings of the Fifth IEEE International Conference on Pervasive Computing and Communications Workshops. IEEE., 2007: 65-70.

[86] Wang Y, Jain S, Martonosi M, et al. Erasure-coding based routing for opportunistic networks[C]. Proceedings of the ACM SIGCOMM workshop on Delay-tolerant networking. ACM., 2005: 229-236.

[87] Mitzenmacher M. Digital fountains: A survey and look forward[C]. IEEE Information Theory Workshop., 2004: 271-276.

[88] Chen L, Yu C, Sun T, et al. A hybrid routing approach for opportunistic networks[C]. Proceedings of the SIGCOMM workshop on Challenged networks. ACM., 2006: 213-220.

[89] Widmer J, Boudec J L. Network coding for efficient communication in extreme networks[C]. Proceedings of the ACM SIGCOMM workshop on Delay-tolerant networking. ACM., 2005: 284-291.

[90] Lin Y, Liang B, Li B. Performance modeling of network coding in epidemic routing[C]. Proceedings of the ACM MobiSys workshop on Mobile opportunistic networking. ACM., 2007: 67-74.

[91] Shah R, Roy S, Jain S, et al. Data mules: Modeling and analysis of a three-tier architecture for sparse sensor networks[J]. Ad Hoc Networks, 2003, 1(2): 215-233.

[92] Zhao W, Ammar M, Zegura E. Controlling the mobility of multiple data transport ferries in a delay-tolerant network[C]. Proceedings of IEEE INFOCOM., 2005, 2: 1407-1418.

[93] Farahmand F, Cerutti I, Patel A, et al. Relay node placement in vehicular delaytolerant networks[C]. Proceedings of IEEE Globecom., 2008: 1-5.

[94] Sollazzo G, Musolesi M, Mascolo C. Taco-dtn: A time-aware content-based dissemination system for delay tolerant networks[C]. Proceedings of ACM MobiOpp., 2007: 83-90.

[95] Motani M, Srinivasan V, Nuggehalli P S. Peoplenet: Engineering a wireless virtual social network[C]. Proceedings of ACM MobiCom., 2005: 243-257.

[96] May M, Lenders V, Karlsson G, et al. Wireless opportunistic podcasting: implementation and design tradeoffs[C]. Proceedings of ACM CHANTS., 2007: 75-82.

[97] Costa P, Mascolo C, Musolesi M, et al. Socially-aware routing for publish-subscribe in delay-tolerant mobile ad hoc networks[J]. IEEE Journal on Selected Areas in Communications, 2008, 26(5): 748-760.

[98] McPherson M, Smith-Lovin L, Cook J. Birds of a feather: Homophily in social networks[J]. Annual Review of Sociology, 2001, 27: 415-444.

[99] Gao W, Cao G. User-centric data dissemination in disruption tolerant networks[C]. Proceedings of IEEE INFOCOM., 2011.

[100] Krifa A, Barakat C, Spyropoulos T. Mobitrade: trading content in disruption tolerant networks[C]. Proceedings of ACM CHANTS. 2011: 31-36.

[101] Osborne M J. An Introduction to Game Theory[M]. New York: Oxford University Press, 2004.

[102] Mahajan R, Rodrig M, Zahorjan D W J. Sustaining cooperation in multi-hop wireless networks[C]. Proceedings of USENIX NSDI., 2005: 231-244.

[103] Zhong S, Li L, Liu Y, et al. On designing incentive-compatible routing and forwarding protocols in wireless ad-hoc networks[J]. Wireless Networks, 2007, 13(6): 799-816.

[104] Michiardi P, Molva R. Core: A collaborative reputation mechanism to enforce node cooperation in mobile ad hoc networks[G]. Advanced Communications and Multimedia Security. Springer, 2002: 107-121.

[105] Zhong S, Chen J, Yang Y R. Sprite: A simple, cheat-proof, credit-based system for mobile ad-hoc networks[C]. Proceedings of IEEE INFOCOM., 2003, 3: 1987-1997.

[106] Kamvar S, Schlosser M, Garcia-Molina H. The eigentrust algorithm for reputation management in p2p networks[C]. Proceedings of ACM WWW. ACM., 2003: 640-651.

[107] Feldman M, Lai K, Stoica I, et al. Robust incentive techniques for peer-to-peer networks[C]. Proceedings of the conference on Electronic commerce. ACM., 2004: 102-111.

[108] Defrawy K E, Zarki M E, Tsudik G. Incentive-based cooperative and secure interpersonal networking[C]. Proceedings of the international MobiSys workshop on Mobile opportunistic networking. ACM., 2007: 57-61.

[109] Buttyan L, Dora L, Felegyhazi M, et al. Barter-based cooperation in delay-tolerant personal wireless networks[C]. Proceedings of IEEE WoWMoM. IEEE., 2007: 1-6.

[110] Panagakis A, Vaios A, Stavrakakis I. On the effects of cooperation in dtns[C]. Proceedings of the International Conference on Communication Systems Software and Middleware. IEEE., 2007: 1-6.

[111] Bigwood G, Henderson T. Ironman: Using social networks to add incentives and reputation to opportunistic networks[C]. Proceedings of IEEE SocialCom., 2011: 65-72.

[112] Li N, Das S K. Radon: Reputation-assisted data forwarding in opportunistic networks[C]. Proceedings of ACM MobiOpp., 2010.

[113] Li N, Das S K. A trust-based framework for data forwarding in opportunistic networks[J]. Ad Hoc Networks,

2012, 11 (4): 1497-1509.

[114] Shevade U, Song H H, Qiu L, et al. Incentive-aware routing in dtns[C]. Proceedings of IEEE ICNP., 2008: 238-247.

[115] Ning T, Yang Z, Xie X, et al. Incentive-aware data dissemination in delay-tolerant mobile networks[C]. Proceedings of IEEE SECON., 2011.

[116] Srinivasan K, Rajkumar S, Ramanathan P. Incentive schemes for data collaboration in disruption tolerant networks[C]. Proceedings of IEEE GLOBECOM., 2010.

[117] Li M, Cao N, Yu S, et al. Findu: Privacy-preserving personal profile matching in mobile social networks[C]. Proceedings of IEEE INFOCOM. IEEE., 2011: 2435-2443.

[118] Guan X, Liu C, Chen M, et al. Internal threats avoiding based forwarding protocol in social selfish delay tolerant networks[C]. Proceedings of IEEE International Conference on Communications. IEEE., 2011: 1-6.

[119] Natarajan V, Yang Y, Zhu S. Resource-misuse attack detection in delay-tolerant networks[C]. Proceedings of IEEE IPCCC. IEEE., 2011: 1-8.

[120] Fawal A E, Boudec J L, Salamatian K. Vulnerabilities in epidemic forwarding[C]. Proceedings of IEEE WoWMoM. IEEE., 2007: 1-6.

[121] Asokan N, Kostiainen K, Ginzboorg P, et al. Applicability of identity-based cryptography for disruption-tolerant networking[C]. Proceedings of ACM MobiSys workshop on Mobile opportunistic networking. ACM., 2007: 52-56.

[122] Lu R, Lin X, Luan T, et al. Prefilter: An efficient privacy-preserving relay filtering scheme for delay tolerant networks[C]. Proceedings of IEEE INFOCOM. IEEE., 2012: 1395-1403.

[123] Ma C, Yau D, Yip N, et al. Privacy vulnerability of published anonymous mobility traces[C]. Proceedings of ACM Mobicom. ACM., 2010: 185-196.

[124] Broch J, Maltz D, Johnson D, et al. A performance comparison of multi-hop wireless ad hoc network routing protocols[C]. Proceedings of ACM Mobicom., 1998: 85- 97.

[125] Johnson D B, Maltz D A. Dynamic source routing in ad hoc wireless networks[J]. Mobile Computing, 1996: 153-181.

[126] McDonald A B, Znati T. A path availability model for wireless ad-hoc networks[C]. Proceedings of IEEE WCNC., 1999.

[127] Eagle N, Pentland A S, Lazer D. Inferring friendship network structure by using mobile phone data[J]. Proceedings of the National Academy of Sciences, 2009, 106 (36): 15274-15278.

[128] Haartsen J, Naghshineh M, Inouye J, et al. Bluetooth: Vision, goals, and architecture[J]. ACM SIGMOBILE Mobile Computing and Communications Review, 1998, 2 (4): 38-45.

[129] Zhou H, Zhao H, Chen J. Energy saving and network connectivity tradeoff in opportunistic mobile networks[C].

Proceedings of IEEE Globecom., 2012.

[130] Zhou H, Zheng H, Wu J, et al. Energy-efficient contact probing in opportunistic mobile networks[C]. Proceedings of ICCCN., 2013: 1-7.

[131] Tsao C L, Liao W, Kuo J C. Link duration of the random way point model in mobile ad hoc networks[C]. Proceedings of IEEE WCNC., 2006: 367-371.

[132] Wu Y T, Liao W, Tsao C L, et al. Impact of node mobility on link duration in multihop mobile networks[J]. IEEE Transactions on Vehicular Technology, 2009, 58(5): 2435-2442.

[133] Wu J. Extended dominating-set-based routing in ad hoc wireless networks with unidirectional links[J]. IEEE Transactions on Parallel and Distributed Systems, 2002, 13(9): 866-881.

[134] Abdulla M, Simon R. The impact of intercontact time within opportunistic networks: protocol implications and mobility models[R]. TechRepublic White Paper, 2009.

[135] Spyropoulos T, Psounis K, Raghavendra C S. Performance analysis of mobilityassisted routing[C]. Proceedings of ACM Mobihoc., 2006: 49-60.

[136] Feeney L M, Nilsson M. Investigating the energy consumption of a wireless network interface in an ad hoc networking environment[C]. Proceedings of IEEE INFOCOM., 2001.

[137] Stemm M, Katz R H. Measuring and reducing energy consumption of network interfaces in hand-held devices[J]. IEICE Transactions on Communications, 1997, 80(8): 1125-1131.

[138] Shih E, Bahl P, Sinclair M. Wake on wireless: An event driven energy saving strategy for battery operated devices[C]. Proceedings of ACM MobiCom., 2002.

[139] Sun Y, Gurewitz O, Du S, et al. Adb: An efficient multihop broadcast protocol based on asynchronous duty-cycling in wireless sensor networks[C]. Proceedings of ACM SenSys., 2009.

[140] Li Z, Li M, Liu Y. Towards energy-fairness in asynchronous duty-cycling sensor networks[C]. Proceedings of IEEE INFOCOM., 2012.

[141] Zhou H, Chen J, Zhao H, et al. On exploiting contact patterns for data forwarding in duty-cycle opportunistic mobile networks[J]. IEEE Transactions on Vehicular Technology, 2013, 62(9): 4629-642.

[142] Guo S, Kim S M, Zhu T, et al. Correlated flooding in low-duty-cycle wireless sensor networks[C]. Proceedings of IEEE ICNP., 2011: 383-392.

[143] Karagiannis T, Boudec J Y L, Vojnovic M. Power law and exponential decay of intercontact times between mobile devices[J]. IEEE Transactions on Mobile Computing, 2010, 9(10): 1377-1390.

[144] Nelson S, Bakht M, Kravets R. Encounter-based routing in dtns[C]. Proceedings of IEEE INFOCOM., 2009: 846-854.

[145] Chen H, Lou W. On using contact expectation for routing in delay tolerant networks[C]. Proceedings of IEEE

ICPP., 2011: 683-692.

[146] Scott J, Gass R, Crowcroft J, et al. Crawdad data set cambridge/haggle（v. 2009-05-29）2009. http://crawdad.cs. dartmouth.edu/cambridge/haggle[2020-08-15].

[147] Eagle N, Pentland A, Lazer D. Inferring social network structure using mobile phone data[C]. Proceedings of National Academy of Sciences. 2009: 15274-15278.

[148] Chaintreau A, Hui P, Crowcroft J, et al. Impact of human mobility on opportunistic forwarding algorithms[J]. IEEE Transactions on Mobile Computing, 2007, 6(6): 606-620.

[149] Chaintreau A, Hui P, Crowcroft J, et al. Pocket switched networks: Real-world mobility and its consequences for opportunistic[R]. UCAM-CL-TR-617, University of Cambridge, Computer Lab, 2005.

[150] Zhuo X, Li Q, Cao G, et al. Social-based cooperative caching in dtns: A contact duration aware approach[C]. Proceedings of IEEE MASS., 2011: 92-101.

[151] Zhuo X, Li Q, Gao W, et al. Contact duration aware data replication in delay tolerant networks[C]. Proceedings of IEEE ICNP., 2011: 236-245.

[152] Zhu H, Fu L, Xue G, et al. Recognizing exponential inter-contact time in VANETs[C]. Proceedings of IEEE INFOCOM., 2010.

[153] Conan V, Leguay J, Friedman T. Characterizing pairwise inter-contact patterns in delay tolerant networks[C]. Proceedings of ACM SenSys., 2007: 321-334.

[154] Grandell J. Mixed Poisson Process[M]. Boca Raton: Chapman & Hall/CRC Press, 1997.

[155] Prabhavat S, Nishiyama H, Ansari N, et al. On load distribution over multipath networks[J]. IEEE Communications Surveys & Tutorials, 2012, 14(3): 662-680.

[156] Jaramillo J J, Srikant R. Darwin: Distributed and adaptive reputation mechanism for wireless ad-hoc networks[C]. Proceedings of ACM MobiCom., 2007: 87-98.

[157] Srinivasan V, Nuggehalli P, Chiasserini C F, et al. Cooperation in wireless ad hoc networks[C]. Proceedings of IEEE INFOCOM., 2003, 2: 808-817.

[158] Lindgren A, Doria A, Schelen O. Probabilistic routing in intermittently connected networks[J]. Lecture Notes Computer Science, 3126, 2004: 239-254.

[159] Marsden P V. Egocentric and sociocentric measures of network centrality[J]. Social Netw., 2002, 24(4): 407-422.